城镇污水处理厂
入河排污口设置论证研究
——以黄河兰州段为例

温慧娜　师　洋　穆伊舟　王海燕　著

U0253243

黄河水利出版社
·郑州·

内容提要

本书系统梳理了城镇污水处理厂入河排污口设置论证的思路和重点，以兰州城区四座主要城镇污水处理厂为例，对入河排污口设置论证中的污水处理调查分析、纳污水域概况、入河排污口设置影响分析和入河排污口设置合理性分析等重点环节进行了系统剖析。在污水处理调查分析中对承纳废污水来源与构成、污水管网布设、污水处理工艺及处理效果、中水回用等情况进行了全面调查和系统分析；在纳污水域概况分析中，系统回顾评价了黄河兰州段近20年的水质变化情况，分析了与四座污水处理厂污染物减排的关系，梳理了不同时期的水域管理要求；在入河排污口设置影响分析中，采用水动力模型和解析模型，结合河道断面地形勘测数据和水质实测数据，精准模拟了多个排污口叠加影响下的河流水质变化情况；在入河排污口设置合理性分析中结合不同时期的水域管理要求，充分论证了入河排污管控浓度和总量的科学性及可达性，提出了相应的水环境保护措施及排污口监测监控方案。

本书适合从事生态环境保护和水资源管理等领域的专业技术人员、管理人员和高校相关专业师生阅读使用。

图书在版编目（CIP）数据

城镇污水处理厂入河排污口设置论证研究 ：以黄河兰州段为例 / 温慧娜等著 . -- 郑州 ：黄河水利出版社，2024. 8 . -- ISBN 978-7-5509-3963-9

Ⅰ. X505

中国国家版本馆 CIP 数据核字第 2024X3D024 号

策划编辑：岳晓娟　电话：0371-66020903　E-mail：2250150882@qq.com

责任编辑　李晓红　　责任校对　兰文峡

封面设计　李思璇　　责任监制　常红昕

出版发行　黄河水利出版社

地址：河南省郑州市顺河路49号　邮政编码：450003

网址：www.yrcp.com　E-mail：hhslcbs@126.com

发行部电话：0371-66020550

承印单位　河南新华印刷集团有限公司

开　　本　787 mm×1 092 mm　1/16

印　　张　11.5

字　　数　280千字

版次印次　2024年8月第1版　　2024年8月第1次印刷

定　　价　69.00元

前　言

入河排污口是指直接或通过管道、沟、渠等排污通道向环境水体排放污水的口门，它是连接岸上和水里的关键节点，也是流域生态环境保护的重要环节。2018年，党和国家机构改革将入河排污口设置管理职责由水利部划转至生态环境部，旨在更好地统筹岸上和水里，根据受纳水体生态环境功能，确定排污口设置和管理要求，倒逼岸上污染治理，实现“受纳水体—排污口—排污通道—排污单位”全过程监督管理。打破了先前由于部门职能分散造成的水利不上岸、环保不下河的割裂局面。

2022年3月，国务院以国办函〔2022〕17号文印发了《关于加强入河入海排污口监督管理工作的实施意见》，明确城镇污水处理厂入河排污口的设置依法依规实行审核制。入河排污口设置论证报告是管理部门审批入河排污口的重要依据。生态环境部自2022年起陆续印发了一系列入河排污口监督管理技术指南，尚未出台指导入河排污口设置论证报告编写的技术规范，业内参考较多的依然是水利部2011年发布的《入河排污口管理技术导则》（SL 532—2011）。然而，由于《入河排污口管理技术导则》（SL 532—2011）基于水利系统的水功能区管理体系，该体系与生态环境系统的水环境控制单元体系有所不同，且水功能区水质目标与现行的水环境考核断面水质目标也不尽相同，作者在对黄河流域地级市生态环境管理部门的调研中发现，各地负责入河排污口设置审批的管理人员以及从事入河排污口设置论证的专业技术人员对于入河排污口设置论证工作的认知水平不一，对于论证工作需要阐明的关键核心问题、采用的技术方法、引用的数据源均存在模糊认识，入河排污口设置论证报告编写的质量参差不齐，内容不全面、结构不合理的现象也较为普遍。由于缺乏相应的标准和技术规范，导致入河排污口设置论证报告不能很好地支撑排污口设置审批。

本书的作者团队自2014年起承担完成了多个大型城镇污水处理厂、石化行业、煤化工行业、煤炭行业的入河排污口设置论证报告，将积累了十余年的入河排污口设置论证报告编写经验在本书中进行了总结和提炼。本书作为城镇污水处理厂入河排污口设置论证项目的典型案例，可供从事生态环境保护和水资源管理等领域的专业技术人员、管理人员和高校相关专业师生参考使用。

在本书的撰写过程中，得到了兰州市生态环境局、兰州市污水处理监管中心、兰州市西固污水处理厂、兰州市七里河安宁污水处理厂、兰州市盐场污水处理厂、兰州市雁儿湾污水处理厂的大力支持与帮助，在此表示诚挚的感谢！团队成员张翔、彭定华、寇杰锋、李婳等为本书的出版也付出了辛勤的劳动，在此一并表示感谢！

作　者

2024年2月

目　录

第 1 章　概　论 ……………………………………………………………… (1)
1.1　黄河流域面临的水生态环境问题 …………………………………… (1)
1.2　黄河兰州段水环境质量概况 ………………………………………… (1)
1.3　兰州城区四座大型城镇污水处理厂概况 ………………………… (1)
第 2 章　项目概况 ……………………………………………………………… (3)
2.1　工程概况 ………………………………………………………………… (3)
2.2　所在区域概况 ………………………………………………………… (24)
2.3　污水处理调查分析 …………………………………………………… (31)
2.4　中水回用情况 ………………………………………………………… (68)
2.5　污水外排及入河排污口设置情况 ………………………………… (69)
第 3 章　纳污水域概况 ………………………………………………………… (75)
3.1　水功能区划情况 ……………………………………………………… (75)
3.2　控制单元情况 ………………………………………………………… (75)
3.3　水功能区取水情况 …………………………………………………… (76)
3.4　水功能区纳污状况 …………………………………………………… (77)
3.5　水功能区/控制单元水质状况 ……………………………………… (83)
3.6　水域管理要求 ………………………………………………………… (95)
3.7　重要第三方概况 ……………………………………………………… (103)
第 4 章　入河排污口设置影响分析 ………………………………………… (104)
4.1　水功能区纳污总量分析 ……………………………………………… (104)
4.2　对水功能区水质影响历史实测资料分析 ………………………… (104)
4.3　对水功能区水质影响一维解析水质模型分析 …………………… (106)
4.4　对水功能区水质影响 MIKE 模型分析 …………………………… (132)
4.5　对水生态影响分析 …………………………………………………… (153)
4.6　对地下水影响分析 …………………………………………………… (154)
4.7　对第三方取用水影响分析 …………………………………………… (154)
第 5 章　入河排污口设置合理性分析 ……………………………………… (156)
5.1　与《兰州市“十四五”生态环境保护规划》符合性分析………… (156)
5.2　与“三线一单”符合性分析 ………………………………………… (157)
5.3　入河排污口设置位置 ………………………………………………… (159)
5.4　入河排污浓度及总量控制 …………………………………………… (159)
5.5　兰州市城镇污水处理厂入河排污口设置综合分析 ……………… (161)

第 6 章　水环境保护措施分析 …… (164)
6.1　常规措施 …… (164)
6.2　应急措施 …… (166)
第 7 章　排污口水质水量监测监控方案 …… (168)
7.1　自行监测 …… (168)
7.2　在线监测 …… (169)
7.3　污水处理运行监控信息化平台建设 …… (169)
第 8 章　结论与建议 …… (170)
8.1　主要结论 …… (170)
8.2　要　求 …… (171)
8.3　建　议 …… (172)
参考文献 …… (173)

第 1 章　概　论

1.1　黄河流域面临的水生态环境问题

黄河流域是我国重要的生态安全屏障。近年来，随着黄河流域生态保护和高质量发展重大国家战略的实施，黄河流域水环境质量持续改善。2013—2022 年，黄河流域达到或优于《地表水环境质量标准》（GB 3838—2002）Ⅲ类水质的断面比例由 58.1%提高到 87.5%；2023 年Ⅰ～Ⅲ类优良水体断面占比达到 91.0%；黄河干流 2022—2023 年连续两年干流全线达到Ⅱ类水质，黄河首次进入全国优良水体行列。然而，由于生态系统先天脆弱、水资源短缺、生态流量不足、支流水环境污染等，有河无水的现象依然存在，化工园区、工业固危废等环境风险问题突出，在当前和未来一段时间内仍需要持续探索水资源、水环境和水生态三水统筹及减污降碳协同增效的解决之策。

1.2　黄河兰州段水环境质量概况

兰州市是黄河唯一穿城而过的省会城市。“两山夹一河”的独特地形决定了其经济社会发展将与黄河息息相关。黄河兰州段干流沿线分布着四座大型城镇污水处理厂的入河排污口和若干工业排污口，污染物排放较为集中，黄河干流兰州段从 2005 年的Ⅲ～Ⅳ类提升到 2023 年Ⅰ～Ⅱ类，水环境质量发生了明显转变，直观反映出近 10 年来兰州市水污染治理的显著成效。兰州市城区四座大型城镇污水处理厂承担了全市 80%以上的污水处理任务，日均处理量 60 万 m^3。黄河兰州段水环境的显著变化与四座污水处理厂的减排贡献密不可分。

1.3　兰州城区四座大型城镇污水处理厂概况

兰州市自 2009 年开始组织实施主城区污水“全收集、全处理”项目。“全收集”管网工程范围覆盖西固区、七里河区、安宁区及城关区。污水处理厂工程包括西固污水处理厂、七里河安宁污水处理厂、盐场污水处理厂、雁儿湾污水处理厂等四座城镇污水处理厂，全部采用 BOT、TOT 市场化运作模式。

西固污水处理厂于 2012 年 7 月建成并投入试运行，工程设计处理规模 10 万 m^3/d，采用改良 A^2O 法污水处理工艺，污泥采用机械脱水后外运填埋，出水水质设计标准为《城镇污水处理厂污染物排放标准》（GB 18918—2002）一级 A 标准。

七里河安宁污水处理厂一期工程于 2007 年 9 月投入运行，工程设计处理规模 20 万 m^3/d，采用改良 A^2O 法污水处理工艺，出水水质设计标准为《城镇污水处理厂污染物排放标准》(GB 18918—2002)一级 B 标准。七里河安宁污水处理厂改扩建工程为全地埋式，于 2021 年 12 月建成调试，箱体土建按远期规模 40 万 m^3/d 一次建成，设备按近期 30 万 m^3/d 规模配置。污水处理工艺采用改良 A^2O+MBR 膜工艺，污泥采用离心脱水机浓缩脱水至 80%含水率后，外运至已建兰州市污泥集中处理中心处理。出水水质设计标准为《城镇污水处理厂污染物排放标准》(GB 18918—2002)一级 A 标准。

盐场污水处理厂一期工程于 2012 年 4 月投入试运行，工程设计处理规模 4 万 m^3/d，采用 TCBS(改良 SBR)污水处理工艺，出水水质设计标准为《城镇污水处理厂污染物排放标准》(GB 18918—2002)一级 B 标准。盐场污水处理厂扩建工程于 2021 年 12 月建成调试，建设内容为新建 1 座土建设计规模为 10 万 m^3/d 的全地埋式钢筋混凝土箱体，设备近期处理规模 7.5 万 m^3/d，污水处理工艺采用改良 A^2O+MBR 膜工艺，污泥采用离心脱水机浓缩脱水至 80%含水率后，外运至已建兰州市污泥集中处理中心处理。出水水质设计标准为《城镇污水处理厂污染物排放标准》(GB 18918—2002)一级 A 标准。

雁儿湾污水处理厂始建于 1984 年，采用传统活性污泥工艺。一期工程规模 10 万 m^3/d，1998 年 6 月建成投产；二期工程规模 6 万 m^3/d，2003 年 6 月建成投产。2009 年启动了改扩建工程，处理规模达到 26 万 m^3/d。2020 年开工建设提标改扩建工程，将处理规模进一步提高至近期(2025 年)30 万 m^3/d、远期(2035 年)36 万 m^3/d，且进水水质较原设计提高，出水水质由《城镇污水处理厂污染物排放标准》(GB 18918—2002)一级 B 提高至一级 A，包含将原处理系统升级改造至 22 万 m^3/d 的 A^2O+MBBR 工艺+深度处理，新建 8 万 m^3/d 的 A^2O+MBR 膜工艺，污泥经板框隔膜压滤机脱水至含水率 60%后外运。提标改扩建工程于 2022 年底完成竣工环境保护验收。

以上四座城镇污水处理厂的入河排污口设置申请于 2016 年通过了水利部黄河水利委员会的批复。2022 年底兰州市生态环境局对改扩建工程的入河排污口设置进行了批复。

第 2 章　项目概况

本章以兰州城区四座城镇污水处理厂中的七里河安宁污水处理厂为例，以 2021 年为论证水平年，从工程概况、工程所在区域概况、污水处理效果调查分析、污水外排及回用情况、入河排污口设置状况等方面进行系统分析。

2.1　工程概况

2.1.1　地理位置与服务范围

七里河安宁污水处理厂地处兰州市安宁区北滨河西路 411 号，位于黄河北岸高漫滩后缘，一期工程厂区西起甘肃省劳教学校东墙，东至十里店排污沟，东侧南临黄河，北抵代家庄。改扩建工程位于一期工程泥区和泥区东侧、北侧的预留发展区，地理位置示意图见图 2-1。

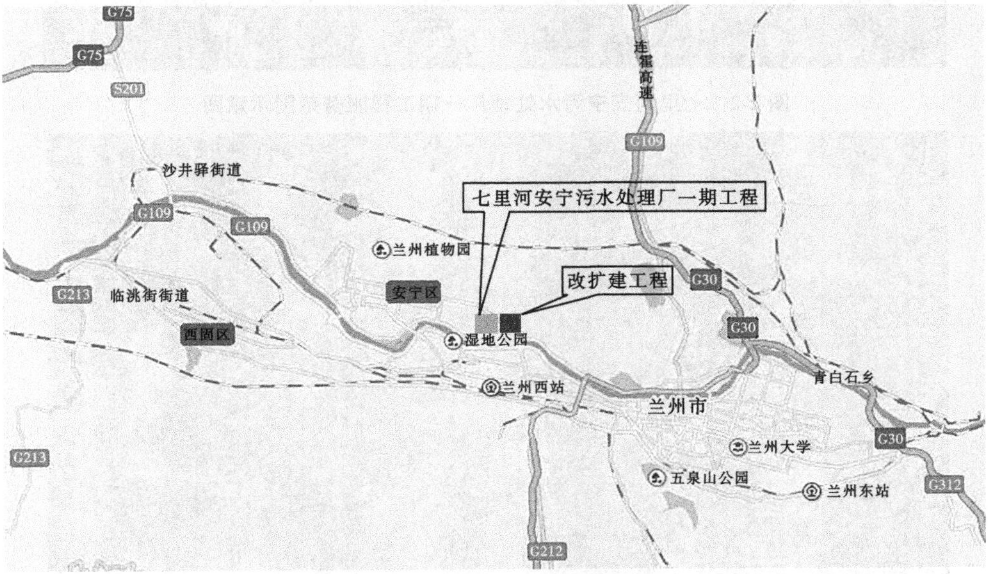

图 2-1　七里河安宁污水处理厂地理位置示意图

一期工程服务范围为兰州市七里河区和安宁区（见图 2-2），污水来源包括七里河区雁伏滩泵站进水、安宁区和平滩泵站进水及七里河区、安宁区部分污水（以上均包含沿途排洪沟进水）。一期工程处理规模 20 万 m^3/d，服务面积 42 km^2，服务人口至 2020 年为 79.7 万人。改扩建工程污水收集区域为：七里河区、安宁区及晏家坪镇、两坪（范坪村和牟家坪村）、彭家坪镇东部区域（见图 2-3），改扩建工程近期 2025 年处理规模：30 万 m^3/d，远期 2035 年处理规模：40 万 m^3/d，服务面积 42.5 km^2，服务人口至 2025 年预计为 81.7 万人。改扩建工程投入运行后，一期工程将全部拆除，不再使用。

图 2-2 七里河安宁污水处理厂一期工程服务范围示意图

图 2-3 七里河安宁污水处理厂改扩建工程服务范围示意图

2.1.2　运营方式

2010 年 9 月，兰州市将七里河安宁污水处理厂以 TOT 方式授权给兰州兴蓉投资发展有限责任公司运营，授权期限 30 年。改扩建工程运营单位仍为兰州兴蓉投资发展有限责任公司。兰州市污水处理监管中心负责对污水处理厂的运营进行监管，主要包括向污水处理厂派出驻厂监督员对其日常运行进行监督管理，审核污水处理厂运行方案，拟定年度水量水质运行指标，水质、水量、污泥的监督性监测，污水处理设施运行状况考评等工作。

2.1.3　厂区布置

2.1.3.1　一期工程厂区布置

七里河安宁污水处理厂一期工程占地约 15 hm^2，整个厂区用地呈不规则扇形，被自北向南流向的深沟分成东、西两部分。

深沟西侧厂区最北侧为四座生物循环曝气池，其东侧为细格栅车间、初沉池及和平滩污水泵房。生物循环曝气池南侧为 8 座辐流式终沉池，生物循环曝气池与终沉池之间为 2 座污泥回流泵房。细格栅车间北侧为污水处理厂预处理工程新建的复合式 AO 池、污泥脱水间、鼓风机房及变配电间。细格栅车间南侧为预处理工程新建的混凝沉淀池和加药间。现有深沟东侧厂区最南端为蛋形消化池及其控制室，其北侧为沼气脱硫间、污泥处理设施间、沼气储柜、沼气设施间。

七里河安宁污水处理厂一期工程平面布置图见图 2-4。

2.1.3.2　改扩建工程厂区布置

改扩建工程在七里河污水处理厂一期工程东侧的污泥区及预留区的地下空间建设，场地位于黄河北岸，与实创现代城、寓言故事园相邻，地块内有排洪渠穿地块而过，北侧与西北师范大学、西北师范大学附属中学毗邻。

地面以上结合兰州特色的黄河风情线景观，拟打造以水为主题的公园，结合地面景观设计厂区的综合办公楼及出地面的疏散楼梯间、通风井、设备吊装孔等。

地埋式污水处理厂位于排洪渠东侧地下空间，地面拟打造成嬉戏游乐的休闲公园，污水处理厂整个主体工程位于地下，不单独占用土地面积，地表全面绿化，环境美观，可开辟为市民娱乐和休闲的场所。

项目建设期间，一期工程西侧的污水处理区仍正常运转，待全地下污水厂建成后，将一期工程污水处理区建（构）筑物拆除，把占地 11.1 hm^2 的污水区全部腾出来。

全地埋式箱体土建按远期规模 40 万 m^3/d 一次建成，设备按近期 30 万 m^3/d 规模配置。箱体总面积 86 178 m^2，箱体上覆土 1～2 m，入厂主要道路布置在箱体南北两侧，方便车辆及人员进出。箱体内污水处理构筑物按照污水处理流程从北向南布置，流程衔接顺畅。污水一级处理区设置在箱体西北角；生物处理区设置在箱体中部；回用区及附属设备区设置在箱体南侧，方便尾水排放和中水回用；污泥处理区相对独立，设置在箱体东北角，与主箱体以伸缩缝脱离，以便于设备布置、臭气收集和污泥外运。

厂内需外运的栅渣、污泥等均布置有过车通道以方便进出，设备均考虑吊装和检修、运行维护操作等。

七里河安宁污水处理厂改扩建工程平面布置见图 2-5。

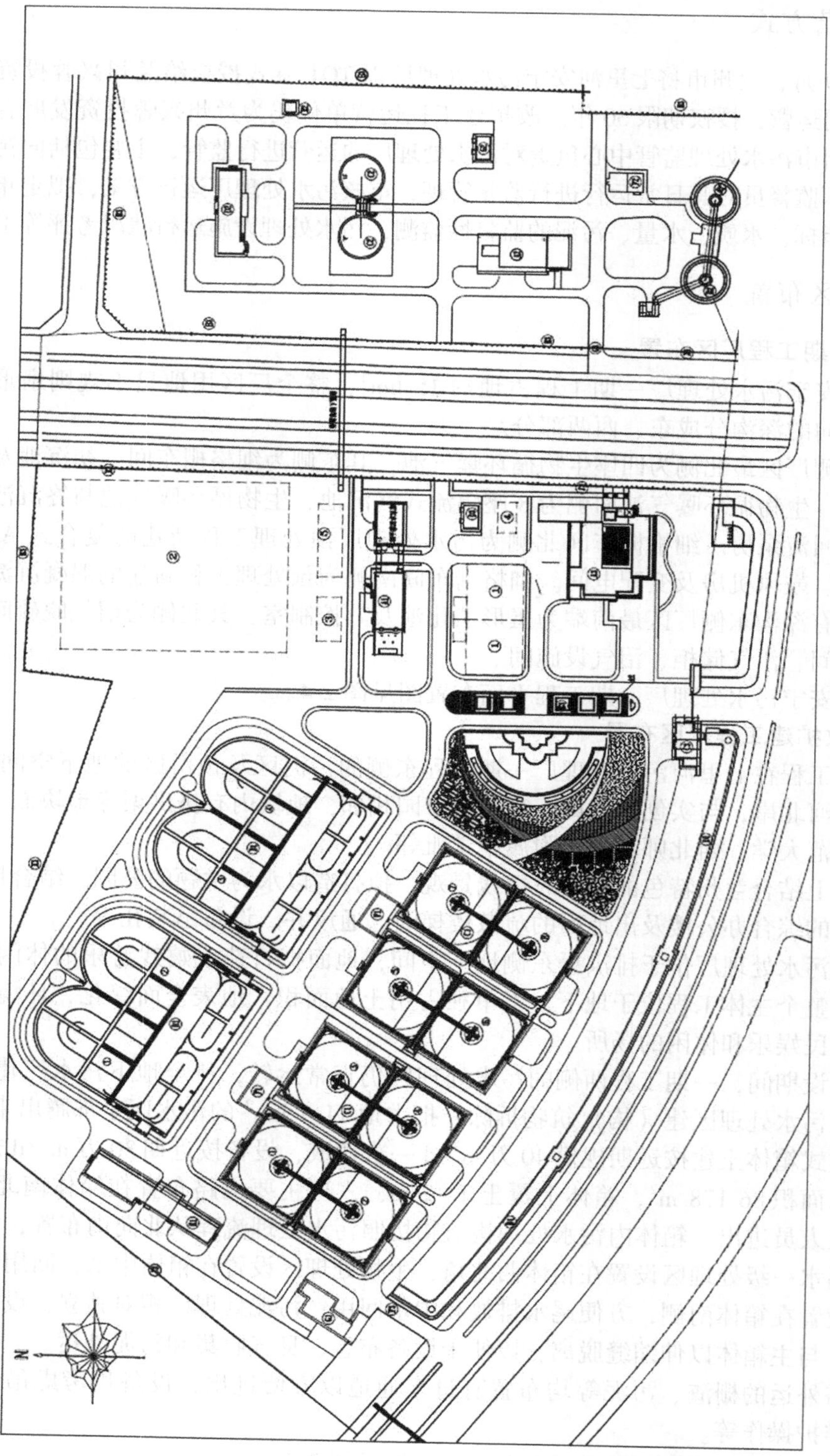

图 2-4 七里河安宁污水处理厂一期工程平面布置

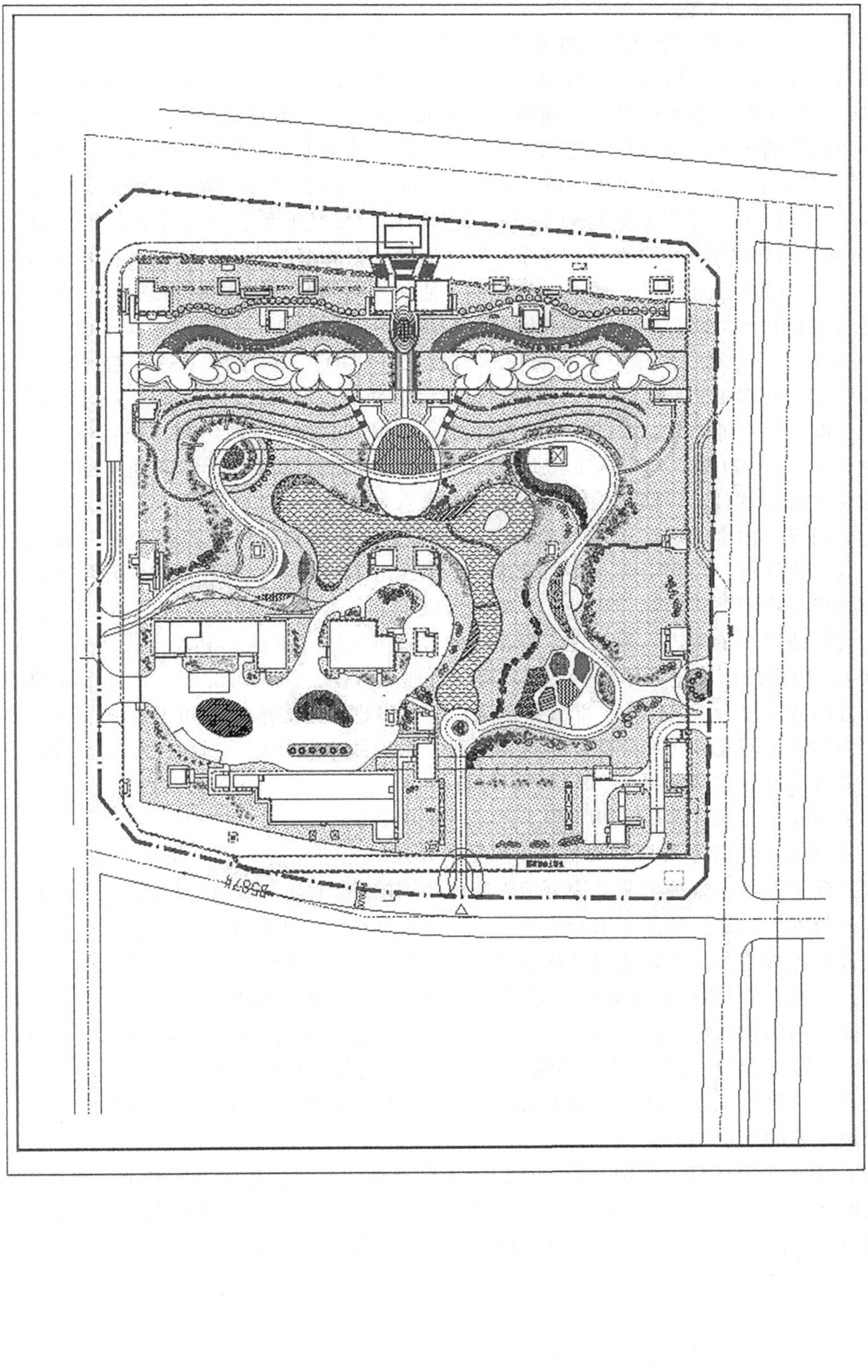

图 2-5　七里河安宁污水处理厂改扩建工程平面布置图

2.1.4 处理工艺及生产设备

2.1.4.1 主要处理工艺

1. 七里河安宁污水处理厂一期工程主要处理工艺

原有总体处理工艺流程为一级预处理、二级生物处理、出水消毒和污泥处理。一级预处理包括粗格栅、进水提升泵、细格栅、初沉池等，二级生物处理采用生物循环曝气池进行生物除磷脱氮，出水再经过二次沉淀池、接触消毒池消毒后排入黄河，出水执行《污水综合排放标准》（GB 8978—1996）一级标准。后由于国家对城镇污水处理厂排放标准提高，2011 年污水处理厂将原有的四座生物循环曝气池重新分为 4 格，原厌氧区不变，原缺氧区作为第一缺氧区，将原好氧区的第一个廊道改为第二缺氧区，其余部分设置微孔曝气管作为好氧区，通过工艺改造，使污水处理厂出水氨氮和总氮（TN）能够满足《城镇污水处理厂污染物排放标准》（GB 18918—2002）一级 B 标准要求。

为解决污水处理厂实际进水水质化学需氧量（COD）、悬浮物（SS）超标严重问题，确保生物处理工艺稳定运行，七里河安宁污水处理厂在 2015 年开始实施进水预处理工程，即在原有处理工艺中的初沉池和生物循环曝气池两个工段之间，先后添加混凝沉淀池和复合式 AO 池，对进入生物循环曝气池的污水进行预处理，同时在新建的混凝沉淀池设置有超越管，以便于检修时污水直接进入生物池。

七里河安宁污水处理厂进水预处理工程实施完成后的总体工艺流程为：一级预处理、二级生物处理、出水消毒和污泥处理。污水经过粗格栅，经提升泵站提升至细格栅间，由细格栅将细颗粒杂物分离出来。细格栅出水进入曝气沉沙池，去除水中的沙粒等物质。初沉池出水依次进入预处理工程新建的混凝沉淀池（加药）和复合式 AO 池，复合式 AO 池出水再依次进入原有生物循环曝气池脱氮除磷、二次沉淀池，二次沉淀池的污泥部分回流至复合式 AO 池，部分被剩余污泥泵房打入污泥浓缩车间，机械浓缩脱水后采用中温厌氧消化和污泥好氧稳定进行处理，最后脱水后外运。二次沉淀池上清液进入接触消毒池（加次氯酸钠），最后达标外排。

七里河安宁污水处理厂一期工程工艺流程见图 2-6。

2. 七里河安宁污水处理厂改扩建工程主要处理工艺

改扩建工程污水处理工艺采用全地下箱体的 MBR 膜工艺。膜池工艺是 20 世纪末发展起来的技术。它是膜分离技术和生物技术的有机结合。它不同于活性污泥法，不使用沉淀池进行固液分离，而是使用微滤膜分离技术取代传统活性污泥法的沉淀池和常规过滤单元，使水力停留时间（HRT）和泥龄（STR）完全分离。因此，具有高效固液分离性能，同时利用膜的特性，使活性污泥不随出水流失，在生化池中形成 8 000 ~ 12 000 mg/L 超高浓度的活性污泥，使污染物分解彻底，因此出水水质良好、稳定，出水细菌、悬浮物和浊度接近于零，并可截留粪大肠菌等生物性污染物，处理后出水可直接回用。

膜池工艺的优点如下：

（1）出水水质优良、稳定，稳定达到地表Ⅳ类标准，部分指标可达到地表水Ⅳ类，可直接回用。高效的固液分离将废水中的悬浮物质、胶体物质、生物单元流失的微生物菌群与已净化的水分开，无须经三级处理即直接可回用，具有较高的水质安全性。

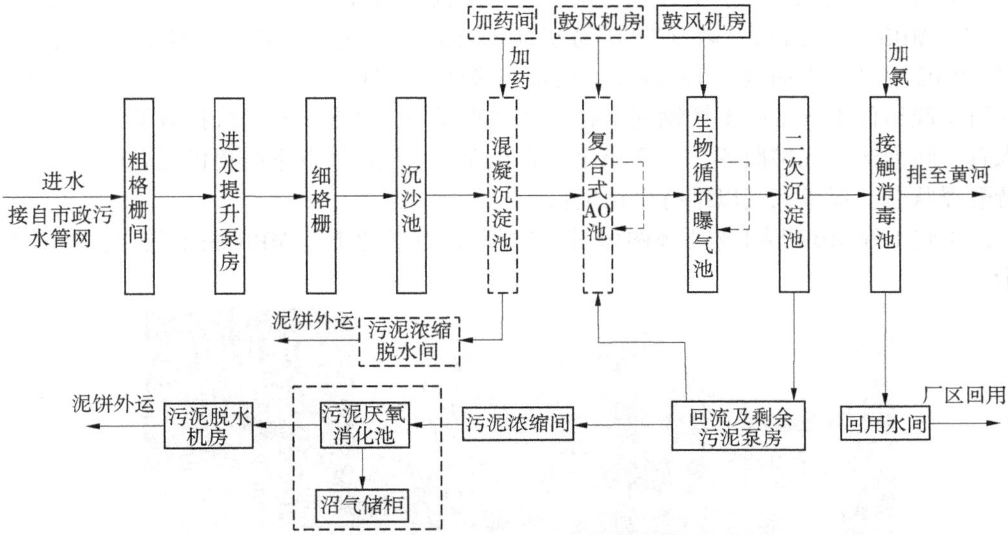

图 2-6　七里河安宁污水处理厂一期工程工艺流程

（2）工艺流程短，运行控制灵活稳定。由于膜的高效分离作用，不必单独设立沉淀、过滤等固液分离池。

（3）容积负荷高，占地面积小。处理单元内生物量可维持在高浓度，使容积负荷大大提高，同时膜分离的高效性使处理单元水力停留时间大大缩短。

（4）污泥龄长，污泥排放少，二次污染小。膜生物反应器内生物污泥在运行中可以达到动态平衡，剩余污泥排放很少，只有传统工艺的 30%，污泥处理费用低。

（5）对水质的变化适应力强，系统抗冲击性强。防止各种微生物菌群的流失，有利于生长速度缓慢的细菌（硝化细菌等）的生长，使一些大分子难降解有机物的停留时间变长，有利于它们分解，从而使系统中的各种代谢过程顺利进行。

（6）自动化程度高。由于采用膜技术，大大缩短了工艺的流程；通过先进的电脑控制技术，使设备高度集成化、智能化，是目前为止国内自动化程度最高的中水回用设备。

（7）生物脱氮效果好。SRT 与 HRT 完全分离，有利于增殖缓慢的硝化细菌的截留、生长和繁殖，系统硝化效率高；MLSS 浓度高，反硝化基质利用速率高。

（8）模块化设计，易于根据水量情况进行自由组合。由于高度的集成化，膜池形成了规格化、系列化的标准设备，用户可根据工程需要进行组合安装。

（9）可作为反渗透预处理工艺。膜池工艺对污染物的去除率较高，出水悬浮物和浊度接近于零，可完全满足 RO 对进水水质的要求；将膜池作为 RO 的预处理技术，既可有效保证 RO 膜连续运行、控制膜污染，还可获得高质量的再生水。

膜池工艺的缺点如下：

（1）运行成本高，需要抽吸出水，生物池需要的鼓风曝气量高，能耗高。

（2）膜造价高，膜生物反应器的基建投资高。

（3）容易出现膜污染，给运行管理带来不便。

（4）膜组件寿命低，5~8 年需全部更换，更换费用较高。

（5）MBR 工艺出水总磷（TP）易超标，故需采用化学除磷，拟投加聚合氯化铝 PAC，PAC 的平均投加量为 12 mg/L。投加在膜池入口处。

每个膜组件本身带有不锈钢支架和一个过滤部分，底部设有空气扩散器系统，包括吸入管、粗泡沫空气扩散器、气管和化学清洗管。空气扩散器系统提供混合能量让污泥保持悬浮状态，提供氧气以维持生物生长。

改扩建工程 MBR 膜工艺立体图如图 2-7 所示，改扩建工程 MBR 膜工艺流程如图 2-8 所示。

图 2-7　改扩建工程 MBR 膜工艺立体图

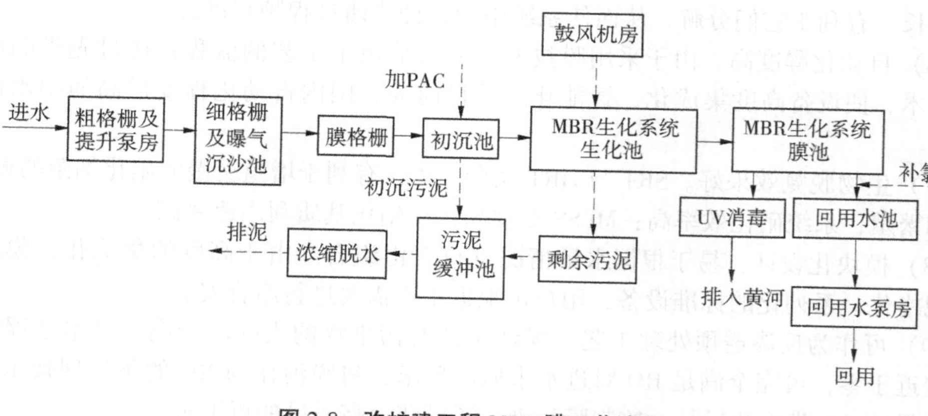

图 2-8　改扩建工程 MBR 膜工艺流程

MBR 膜工艺方案主要建（构）筑物主要工程内容如下：

利用污水处理厂的污泥区及预留区地下空间，全地下箱体占地面积为 86 178 m²，加上进厂道路，占地折合约 162.317 亩❶，约为地面常规工艺占地的 1/3，全地下箱体土建按远期工程规模 40.0×10^4 m^3/d 一次建成，设备按近期工程规模 30.0×10^4 m^3/d 配置。

全地下箱体包括：粗格栅及提升泵房、细格栅及曝气沉沙池、高密度沉淀池、膜格栅、MBR 生化系统生化池、MBR 生化系统膜池、膜设备车间、鼓风机房、紫外消毒间、接触池、回用水泵房、加药间、碳源投加间、污泥脱水机房、生物除臭间、变配电间等。

全地埋式钢筋混凝土箱体体积：86 178×18.2＝1 568 439.6（m^3），为地下二层结构（局部一层），建筑面积：114 100 m^2。全地埋时箱体池顶覆土为 2 m。

MBR 膜工艺主要建（构）筑物如表 2-1 所示。

表 2-1　MBR 膜工艺主要建（构）筑物

编号	建（构）筑物名称	规格尺寸	结构	单位	数量	备注
1	全地埋式箱体	池体体积： 86 178×18.2＝1 568 439.6（m^3） 建筑面积：114 100 m^2 池顶覆土：2 m	钢筋 混凝土 框架	座	1	
2	综合办公楼	A＝5 000 m^2	框架	座	1	

2.1.4.2　设计水量、水质指标

七里河安宁污水处理厂一期工程处理规模 20 万 m^3/d，设计裕度系数 1.25，高峰设计流量 25 万 m^3/d。改扩建工程近期 2025 年处理规模为 30 万 m^3/d，远期 2035 年处理规模为 40 万 m^3/d，总变化系数 1.3。

一期设计出水水质执行《城镇污水处理厂污染物排放标准》（GB 18918—2002）中一级 B 标准。改扩建工程设计出水水质执行《城镇污水处理厂污染物排放标准》（GB 18918—2002）一级 A 标准。七里河安宁污水处理厂一期及改扩建工程设计进、出水水质指标见表 2-2。

表 2-2　七里河安宁污水处理厂一期及改扩建工程设计进、出水水质指标

项目	设计指标					
	一期工程			改扩建工程		
	进水/(mg/L)	出水/(mg/L)	去除率/%	进水/(mg/L)	出水/(mg/L)	去除率/%
COD　≤	1 000	60	94.0	860	50	94.2
五日生化需氧量 BOD_5　≤	500	20	96.0	360	10	97.2
悬浮物(SS)　≤	1 000	20	98.0	860	10	98.8

❶　1 亩＝1/15 hm^2，全书同。

续表 2-2

项目	设计指标					
	一期工程			改扩建工程		
	进水/(mg/L)	出水/(mg/L)	去除率/%	进水/(mg/L)	出水/(mg/L)	去除率/%
氨氮 ≤	45	8(15)	82.2 (66.7)	45	5(8)	88.9 (82.2)
总磷(TP) ≤	9	1	88.9	9.5	0.5	94.7
总氮(TN) ≤	70	20	71.4	65	15	76.9

注:括号外数值为水温>12 ℃ 时的控制指标,括号内数值为水温≤12 ℃ 时的控制指标,下同。

2.1.4.3 主要生产设施与规模

1. 七里河安宁污水处理厂一期工程主要生产设施及规模

七里河安宁污水处理厂一期工程主要生产设施及规模见表 2-3。

表 2-3 七里河安宁污水处理厂一期工程主要生产设施及规模

序号	装置名称	说明
1	粗格栅及污水提升泵站	设计规模 20 万 m^3/d
2	曝气沉沙池	设计规模 20 万 m^3/d
3	细格栅间	设计规模 20 万 m^3/d
4	混凝沉淀池	设 2 座混凝沉淀池，单池尺寸 27.3 m×27.3 m×4 m（池深），单池设计流量 5 416.67 m^3/h。混凝剂和助凝剂投加量：PAC 60 mg/L，PAM 2 mg/L，混合时间 30 s
5	复合式 AO 池	设缺氧池、耗氧池共 2 座生物池，单池尺寸 84 m×42 m×6 m（池深），单池设计流量 2 083.33 m^3/h，最高水温 25 ℃，最低水温 12 ℃。污泥回流浓度 8 000 mg/L，污泥回流比 100%
6	曝气生物池	设四座生化池，每座采用四廊道设计，每廊道宽 10 m，有效水深 10 m，容积 18 900 m^3。污泥浓度 4 000 mg/L，回流比 60%～100%，反应时间 9 h，其中厌氧 1.5 h，耗氧 7.5 h
7	二次沉淀池	设 8 座方形圆底辐流式二次沉淀池，单池尺寸 40.0 m×40 m×6.3 m（池深）

续表 2-3

序号	装置名称	说明
8	预处理工程污泥脱水间	3 台带式污泥浓缩脱水一体机，单台处理能力 100 m^3/h
9	预处理工程加药间	1 座，位于混凝沉淀池右侧，尺寸为 15 m×9 m×7.5 m，投加 PAC 和 PAM
10	预处理工程新建鼓风机房	设 4 台（3 用 1 备）离心鼓风机，单台设计流量 160 m^3/min，出口升压 75 kPa
11	回流及剩余污泥泵站	2 座回流及剩余污泥泵站
12	接触消毒池	投加次氯酸钠
13	回用水间	采用全自动过滤器、变频气压供水装置及 125 m^3 的回用水池，最大供水能力 125 m^3/h

2. 七里河安宁污水处理厂改扩建工程主要生产设施及规模

全地埋式地下箱体的土建按远期规模 40 万 m^3/d 一次建成，除一级处理的粗格栅、细格栅及曝气沉沙池外，其余工艺设备均按近期规模 30 万 m^3/d 配置，KZ＝1.30。地下箱体为地下二层（局部地下一层），箱体上覆土 1～2 m。其主要生产设施及规模见表 2-4。

表 2-4　七里河安宁污水处理厂改扩建工程主要生产设施

序号	名称	规格	材料	单位	数量	说明
一、粗格栅及污水提升泵房						
1	潜污泵	$Q=1\ 625\ m^3/h$，$H=12$ m，$N=75$ kW	成品	台	4+1	4 用 1 备，两台变频
2	回转式格栅除污机	$W=1.20$ m，$H=5.70$ m，$N=1.5$ kW，间隙 10 mm	成品	台	4	
3	螺旋输送压榨机	WLS-420，$L=10$ m，$N=3$ kW	成品	台	2	
4	电动铸铁镶铜方闸门	$B×H=1\ 200×2\ 000$，$N=1.1$ kW	成品	块	12	
5	电动铸铁镶铜圆闸门	ϕ 1 000，$N=1.1$ kW	成品	块	2	
6	电动铸铁镶铜圆闸门	ϕ 1 500，$N=1.1$ kW	成品	块	1	

续表 2-4

序号	名称	规格	材料	单位	数量	说明
7	电动葫芦	起重量 3 t，H=12.0 m，N=4.9 kW	成品	台	1	
二、细格栅及曝气沉沙池						
1	内进流细格栅	间隙 3 mm，B=2.0 m，N=1.1+1.5 kW	不锈钢	台	6	
2	清洗压榨机	N=2.2 kW	成品	台	6	
3	恒压供水系统	Q=20 m^3/h，H=50 m，N=5.5 kW	成品	套	1+1	清洗细格栅
4	电动铸铁镶铜方闸门	B×H=800×2 000，N=1.1 kW	成品	块	8	
5	电动铸铁镶铜方闸门	B×H=2 000×2 000，N=1.1 kW	成品	块	8	
6	电动铸铁镶铜方闸门	B×H=1 200×1 200，N=1.1 kW	成品	块	8	
7	桥式双槽吸沙机	池宽 8.1 m，轨距 7.5 m，N=2×0.37 kW	成品	套	4	
8	吸沙泵	Q=42 m^3/h，H=7 m，N=2.9 kW	成品	台	8	8 用（与吸沙机配套）
9	螺旋式沙水分离器	LSSF-320，N=0.37 kW	不锈钢	台	4	
10	罗茨鼓风机	Q=18.1 m^3/min，出口升压 44.1 KPa，N=30 kW	成品	套	4+2	4 用 2 备，配套进出口消声器等
11	电动葫芦	起重量 3 t，H=6.0 m，N=4.9 kW	成品	台	1	
12	法兰电动蝶阀	DN1000，1.0 MPa，N=1.1 kW	成品	个	8	
13	法兰式限位伸缩接头	DN1000	成品	个	8	
14	电磁流量计	DN1000	成品	个	8	

续表 2-4

序号	名称	规格	材料	单位	数量	说明
15	潜污泵	$Q=180\ m^3/h$，$H=12$ m，$N=11$ kW	成品	台	1+1	
三、高密池及膜格栅间						
1	电动闸板阀	$W\times H=1$ m×1 m，$N=1.5$ kW	成品	套	6	
2	混凝池快速搅拌器	叶轮直径：1.8 m，$N=5.5$ kW	成品	套	6	
3	絮凝池慢速搅拌器	叶轮直径：3.4 m，$N=2.2$ kW	成品	套	6	
4	导流筒整流器	直径：3.6 m，$H=$ 1.5 m，$N=2.2$ kW	成品	套	6	
5	浮渣槽	$L=14.8$ m，$d=300$ mm	不锈钢	套	6	
6	电动刀闸阀	DN200，$N=0.37$ kW	成品	套	6	
7	斜板	$L=1.5$ m，$d=80$ mm	PP	m^2	867	
8	刮泥机	直径：14.8 m，$N=1.5$ kW	成品	套	6	
9	集水槽	$W\times H=0.3$ m×0.4 m，$L=6.8$ m	不锈钢	套	72	
10	叠梁闸	$W\times H=1.2$ m×2 m 4 套铝合金闸板， 16 套不锈钢闸框	成品	套	1	
11	污泥排放泵	$Q=80\ m^3/h$，$H=15$ m，$N=11$ kW	成品	台	6+3	6 用 3 备
12	混凝剂投加隔膜泵	$Q=110$ L/h，$H=20$ m，$N=0.25$ kW	成品	台	6+2	6 用 2 备
13	PAM 制备单元	$Q=10\ m^3/h$，$N=5.95$ kW	成品	台	2	
14	絮凝剂投加螺杆泵	$Q=1\ 900$ L/h，$H=20$ m，$N=1.1$ kW	成品	台	6+2	6 用 2 备
15	膜格栅	间隙 1 mm，$B=1.8$ m，$N=2.2$ kW	套	套	9+3	9 用 3 备

续表 2-4

序号	名称	规格	材料	单位	数量	说明
16	清洗压榨机	N=2.2 kW	成品	台	6	清洗膜格栅
17	恒压供水系统	Q=42 m^3/h，H=90 m，N=18.5 kW	成品	套	4+2	带恒压罐等
18	电动铸铁镶铜方闸门	$B×H$=800×3 500，N=1.1 kW	成品	块	15	
19	电动铸铁镶铜方闸门	$B×H$=1 800×3 500，N=1.1 kW	成品	块	15	
20	电动葫芦	起重量 3 t，H=6.0 m，N=4.9 kW	成品	台	1	
四、MBR 生化系统生化池、膜池及附属设备间						
（一）MBR 生化系统生化池						
1	厌氧区潜水推进器	叶轮直径：2 500 mm，N=7.5 kW	成品	台	24	
2	缺氧区潜水推进器	叶轮直径：2 500 mm，N=7.5 kW	成品	台	42	
3	内回流泵（缺至厌）	Q=3 125 m^3/h，H=1.5 m，N=22 kW	成品	台	12+3	12 用 3 冷备 3 台变频
4	内回流泵（好至缺）	Q=4 167 m^3/h，H=1.5 m，N=25 kW	成品	台	12+3	12 用 3 冷备 3 台变频
5	管式曝气器	单根供气量 7~8 Nm^3/h	成品	根	13 980	
6	电动铸铁镶铜方闸门	$B×H$=3 000×2 000，N=1.1 kW	成品	套	12	
7	电动调节 V 型刀闸阀	DN600，N=0.75 kW	成品	台	6	

续表 2-4

序号	名称	规格	材料	单位	数量	说明
8	电动蝶阀	DN200，N=0.37 kW	成品	台	108	
（二）MBR 生化系统膜池						
1	MBR 膜组件	中空纤维膜， 过滤孔径<0.1 μm 膜池数：45 个， 单个膜池 12 套膜组	PVDF	套	540	包括支架及安装导轨
2	内回流泵 （膜池至好氧池）	Q=4 167 m^3/h，H=1.5 m， N=25 kW	成品	台	12+3	12 用 3 冷备 3 台变频
3	手电两用附壁方闸门	B×H=1 200 mm×1 200 mm， N=0.75 kW	成品	套	45	镶铜铸铁
4	手电两用附壁方闸门	B×H=1 000 mm×1 000 mm， N=0.75 kW	成品	套	45	镶铜铸铁
5	不锈钢软管	规格：DN100，2.5 m/根， 含 1 个法兰、1 个快速接头	SS304	套	540	水管
6	不锈钢软管	规格：DN80，2.5 m/根， 含 1 个法兰、1 个快速接头	SS304	套	1 080	气管
7	手动蝶阀	DN100	成品	台	540	
8	手动蝶阀	DN80	成品	台	1 080	
9	电动葫芦	起重量 5 t，N=9.1 kW	成品	套	3	
（三）膜设备车间						
1	产水泵	Q=401 m^3/h，H=15 m， N=17.5 kW	成品	台	45+3	45 用 3 冷备
2	反洗泵	Q=401 m^3/h，H=15 m， N=26 kW	成品	台	2+2	2 用 2 备

续表 2-4

序号	名称	规格	材料	单位	数量	说明
3	真空泵	$Q=1.83\ m^3/min$，真空度-33 mbar，$N=4\ kW$	成品	台	2+2	2用2备
4	清洗排空泵	$Q=200\ m^3/h$，$H=10\ m$，$N=11\ kW$	成品	台	2+2	2用2备
5	剩余污泥泵	$Q=200\ m^3/h$，$H=15\ m$，$N=11\ kW$	成品	台	4+2	4用2冷备
6	空压机	$Q=0.8\ m^3/min$，$H=1.0\ MPa$，$N=11\ kW$	成品	台	2+2	2用2备
7	空气储罐	$V=2\ m^3$，1.0 MPa	成品	台	2	
8	反洗加药泵-次氯酸钠	$Q=1\ m^3/h$，$H=30\ m$，$N=1.5\ kW$	成品	台	2+2	2用2备
9	次氯酸钠清洗加药泵	$Q=7\ m^3/h$，$H=12\ m$，$N=0.75\ kW$	成品	台	2+2	2用2备
10	酸加药泵	$Q=11\ m^3/h$，$H=12\ m$，$N=0.75\ kW$	成品	台	2+2	2用2备
11	次氯酸钠储药罐	$V=10\ m^3$	PE	台	2	
12	酸储药罐	$V=20\ m^3$	PE	台	2	
13	气动蝶阀	DN350	成品	台	225	
14	手动蝶阀	DN350	成品	台	135	
15	气动蝶阀	DN200	成品	台	90	
16	电动葫芦	起重量5 t，$N=11.3\ kW$	成品	套	2	

续表 2-4

序号	名称	规格	材料	单位	数量	说明
（四）鼓风机房						
1	曝气鼓风机	Q=240 Nm^3/min，出口升压 90 kPa，N=540 kW	成品	台	6+3	6 用 3 备，配套消声器等
2	膜吹扫鼓风机	Q=134 Nm^3/min，50 kPa，N=200 kW	成品	台	9+3	9 用 3 备 1 台变频
3	LX 电动单梁悬挂起重机	起重量 10 t，N=14.6 kW	成品	套	2	
4	电动卷帘除尘器	2 000×3 000，N=0.1 kW	成品	套	4	
5	电动蝶阀	DN600，N=0.75 kW	成品	台	15	
6	止回阀	DN600	成品	台	9	
7	双法兰限位伸缩接头	DN600	成品	个	15	
8	电动蝶阀	DN500，N=0.75 kW	成品	台	12	
9	止回阀	DN500	成品	台	12	
10	双法兰限位伸缩接头	DN500	成品	个	11	
五、UV 消毒						
1	UV 消毒设备	峰值流量（单套）：2 167 m^3/h，单套功率 72.8 kW	成品	套	8	
2	电动蝶阀	DN600，PN=1.0 MPa，P=1.1 kW	成品	套	16	
3	电动球阀	DN100，PN=1.0 MPa，P=0.08 kW	成品	套	16	
4	取样泵	Q=3 m^3/h，H=8 m，N=0.18 kW	成品	台	2	2 用

续表 2-4

序号	名称	规格	材料	单位	数量	说明
5	电动蝶阀	DN1600，PN=1.0 MPa，P=1.1 kW	成品	套	4	
6	双法兰限位伸缩接头	DN600	成品	个	16	
7	双法兰限位伸缩接头	DN1600	成品	个	6	
8	电磁流量计	DN1600	成品	个	2	
六、消毒间						
1	次氯酸钠储药罐	V=30 m^3	PE	台	4	
2	电动葫芦	起重量 3 t，H=6.0 m，N=4.9 kW	成品	套	1	
3	次氯酸钠加药泵	Q=108 m^3/h，H=25 m，N=0.75 kW	成品	台	9+3	9 用 3 备
4	卸料泵	Q=80 m^3/h，H=25 m，N=0.75 kW	成品	台	1+1	1 用 1 备
七、污泥脱水机房						
1	离心脱水机	处理量：120~140 m^3/h，N=160+30 kW	成品	台	8+2	8 用 2 备
2	出泥口刀闸阀	与离心机配套	成品	台	10	
3	电控柜	与离心机配套	成品	台	10	
4	切割机	Q=120~140 m^3/h，N=3 kW	成品	台	10	
5	污泥进料泵	Q=120~140 m^3/h，扬程 3 bar，N=45 kW	成品	套	10	
6	加药泵	Q=1~2 m^3/h，扬程 3 bar，N=1.5 kW	成品	套	10	
7	反洗水泵	50 m^3/h，N=7.5 kW	成品	套	10	

续表 2-4

序号	名称	规格	材料	单位	数量	说明
8	电磁流量计	DN100，泥路	成品	套	10	
9	电磁流量计	DN40，药路	成品	套	10	
10	絮凝剂制备装置	Q=6 000 L/h（30 kg 干粉），N=9.5 kW	成品	套	2	
11	稀释装置		成品	套	10	
12	水平螺旋输送机	L=14 m，N=12.5 kW	成品	套	3	
13	倾斜螺旋输送机	N=9.5 kW	成品	套	3	
14	储泥池搅拌器	N=7.5 kW	成品	套	8	
15	污泥料仓	200 t	成品	套	4	
八、回用水泵房						
1	单级双吸离心泵	Q=1 354 m^3/h，H=60 m，P=315 kW	成品	台	4+1	4 用 1 备
2	LX 电动单梁悬挂起重机	W=3T，L=12 m，N=5.7 kW	成品	台	1	
3	电动蝶阀	DN600，PN=1.0 MPa，N=0.75 kW	成品	个	5	
4	双法兰松套限位伸缩接头	DN600，PN=1.0 MPa	成品	个	5	
5	管力阀	DN500，PN=1.0 MPa	成品	个	5	
6	电动蝶阀	DN500，PN=1.0 MPa，N=0.75 kW	成品	个	5	
7	双法兰松套限位伸缩接头	DN500，PN=1.0 MPa	成品	个	5	
8	电动蝶阀	DN1600，PN=1.0 MPa，N=1.1 kW	成品	个	2	

续表 2-4

序号	名称	规格	材料	单位	数量	说明
9	双法兰松套限位伸缩接头	DN1600，PN=1.0 MPa	成品	个	2	
九、加药间						
1	PAC 隔膜计量泵	Q=1 300 L/h，H=50 m，N=2.2 kW	成品	台	6+3	6 用 3 备
2	药剂搅拌鼓风机	Q=15 m^3/min，H=40 KPa，N=18.5 kW	成品	台	1+1	1 用 1 备
3	溶药池电动搅拌机	D=1 200 mm，N=4.0 kW	成品	台	2	变频
4	手电两用球阀	DN100，PN=1.0 MPa	成品	个	10	
5	LX 电动单梁悬挂起重机	W=1T，L=9 m，N=3.4 kW	成品	台	1	
十、碳源投加间						
1	乙酸钠投加计量泵	Q=200~900 L/h，H=30 m，N=1.1 kW	成品	台	6+3	6 用 3 备
2	乙酸钠储药罐	V=30 m^3	PE	台	6	
3	集水坑排污泵	Q=50 m^3/h，H=8 m，N=2.2 kW	成品	台	1+1	
十一、消防泵房						
1	室内消火栓泵	Q=40 L/s，H=0.60 MPa，N=37 kW	成品	台	1+1	1 用 1 备
2	室内自喷泵	Q=35 L/s，H=0.60 MPa，N=37 kW	成品	台	1+1	1 用 1 备
3	集水坑排污泵	Q=50 m^3/h，H=8 m，N=2.2 kW	成品	台	1+1	

2.1.5　配套市政污水收集管网

2.1.5.1　七里河安宁污水处理厂一期工程配套市政污水收集管网

七里河安宁污水处理厂服务范围为兰州市七里河区和安宁区，进水由雁伏滩泵站和和平滩泵站输送到厂内，其中雁伏滩泵站收集兰州市七里河区范围污水，和平滩泵站收集兰州市安宁区范围污水。七里河安宁污水处理厂配套市政收集主干管网情况详见表2-5。

表2-5　七里河安宁污水处理厂配套市政收集主干管网情况

管网名称	铺设范围	管径	长度/km
雁伏滩泵站收集主干管网	沿南滨河路从雁伏滩向西至七里河安宁区高阀厂	DN800～1 000	12.35
	沿南滨河路向东由雁伏滩至吴家园	DN1200～1500	2.94
	从吴家园至小西湖	DN1000～1200	2.47
	从小西湖至雷坛河	DN600～800	1.26
	从杨家桥沿武山路、武威路、瓜州路至敦煌路接入南滨河路主干管	DN400～1200	4.29
和平滩泵站收集主干管网	沿北滨河路从和平滩向东至七里河桥	DN1000	2.28
	沿北滨河路从和平滩向西至沙井驿泵站	DN400～1200	10.37
	沿北滨河路从沙井驿泵站至西沙大桥	DN500～800	4.69
管网长度合计			40.65

2.1.5.2　七里河安宁污水处理厂改扩建工程配套市政污水收集管网

改扩建工程管网覆盖范围较一期工程有所增加，污水收集管网在一期工程的基础上进一步扩展，在七里河区增加了彭家坪污水主干管系统，在安宁区，沿北滨河路向西延伸至兰州西高速路口。

1. 七里河区污水管网现状

七里河区污水管网系统收集范围东至雷坛河、南至华林坪—彭家坪、西至环行东路—一支路、北至黄河。担负着七里河区西津路沿线、南滨河路沿线、华林坪、兰工坪、晏家坪、彭家坪、马滩区域污水的排放任务。该污水管网由ϕ250～ϕ1 500 mm等不同管径钢筋混凝土管组成。该地区地势西南高，东北低，污水收集后排入彭家坪污水处理厂及七里河安宁污水处理厂。

（1）一支路—南滨河路污水主干管系统。

一支路—南滨河路污水主干管系统收集范围西起环行东路— 一支路，东到雷坛河、南起南山路、北至黄河。主管道沿一支路、南滨河路西向东铺设，雁伏滩污水提升泵站以西主干管重力进入雁伏滩泵站，沿线接入#B181路、#T110路污水支管。雁伏滩泵站以东主干管由小西湖污水泵站、吴家园污水泵站依次提升至雁伏滩泵站。最终由雁伏滩泵站加压至七里河安宁污水处理厂。最大管径1 500 mm，最小管径300 mm。

（2）彭家坪污水主干管系统。

彭家坪污水干管系统收集范围西起小金沟，东到#T226路、南起规划南绕城路、北至南山路。主干管沿#S229路、#T218路敷设。重力进入彭家坪污水处理厂，之后通过小西湖洪道进入七里河安宁污水处理厂。

2. 安宁区污水管网现状

安宁区污水管网系统收集范围西起兰州西高速路口，东至马槽沟、南起黄河、北至北环路。担负着安宁区、高新区及沙井驿区域污水的收集任务。该污水管网由ϕ300～ϕ1 200 mm等不同管径钢筋混凝土管组成。该地区地势西北高、东南低，污水收集后排入七里河安宁污水处理厂。

（1）安宁西路—#B584路、安宁东路—#B586路、安宁西路—#B595路污水主干管系统。

安宁西路、安宁东路污水主干管系统收集范围西起莫高大道，东至七里河桥，南起安宁东西路，北至北侧山体。主干管沿安宁东西路敷设，分别通过南北向#B584路、#B586路、#B595路污水干管排入北滨河路污水干管，最终重力进入七里河安宁污水处理厂和平滩泵站。最大管径1 200 mm，最小管径300 mm。

（2）北滨河路污水主干管系统。

北滨河路污水主干管系统收集范围西起518号路，东至七里河桥，南起黄河，北至安宁东西路。主干管沿北滨河路敷设，重力进入七里河安宁污水处理厂和平滩泵站。最大管径1 500 mm，最小管径300 mm。

2.2 所在区域概况

2.2.1 自然概况

2.2.1.1 地理位置

七里河安宁污水处理厂地处兰州市内五区之一的安宁区，位于兰州市区中部。兰州市位于东经102°35′58″～104°34′29″，北纬35°34′20″～37°07′07″，地处甘肃省中部，北部和东北部毗邻白银市的白银区和景泰县、靖远县；东部和南部与白银市的会宁县和定西市的安定区、临洮县及临夏回族自治州的永靖县相邻；西南部和西部与青海省民和县相连；西北部与武威市的天祝藏族自治县接壤。全市总面积13 085.6 km^2，市区面积1 631.6 km^2。

2.2.1.2 地形地貌

兰州市位于陇西黄土高原的西部，是青藏高原向黄土高原的过渡地区。境内大部分地区为海拔1 500～2 500 m的黄土覆盖的丘陵和盆地。兰州市地势西部和南部高、东北低，黄河自西南流向东北，横穿全境，切穿山岭，形成峡谷与盆地相间的串珠形河谷。

峡谷有八盘峡、柴家峡、桑园峡、大峡、乌金峡等；盆地有新城盆地、兰州盆地、泥湾-什川盆地、青城-水川盆地等。还有湟水谷地、庄浪河谷地、苑川河谷地、大通河谷地等。

兰州市地质构造复杂，新构造运动强烈，断裂、褶皱发育。处于昆仑—秦岭地槽褶皱区中的祁连加里东褶皱系与秦岭加里东—印支褶皱系的过渡区，次级构造单元为南部祁连隆起带和北部北祁连地槽褶皱带。地表大部分被第四纪松散沉积物所覆盖，基岩主要出露在南部、西部和北部边界一带的山区，出露面积最广的是中生界下白垩统河口群、新生界第三系红层和第四系黄土。

2.2.1.3　气候特征

兰州市大部分地区属温带半干旱大陆性季风气候。其主要特点是降水偏少，日照充足，蒸发量大，气候干燥，昼夜温差大。春季干旱多风；夏季酷暑，降水集中；秋季凉爽；冬季寒冷少雪。全市年平均气温 6~10 ℃，最热平均气温 22 ℃，最冷平均气温 -6.7 ℃；春季最大日温差可达 28~30.2 ℃。年平均降水量为 327 mm，由南向北递减，雨水主要集中在 6—9 月，占年降水量的 60%以上。蒸发量是降水量的 4~6 倍，可达 1 600 mm 以上。平均年日照时数为 2 600 h，全年无霜期 185~200 d。由于降水量小，年际变化大，时空分布不均，干旱、低温、冰雹、洪水等自然灾害时有发生。

2.2.1.4　河流水系

1. 黄河干流

黄河为兰州市区常年过境的唯一河流，发源于青海省巴颜喀拉山东麓。兰州市境内河流均属黄河水系，一级支流除湟水、庄浪河和宛川河外，尚有在本市境内注入湟水的大通河。市区以西黄河干流依次建有刘家峡、盐锅峡、八盘峡等水电站。另外，境内尚有较大的小河、沟谷数十条，分别汇入黄河干流及其支流，共同组成兰州地区的河流水系。

黄河由青海省东部流入甘肃永靖县，经兰州市区、皋兰县南部和榆中县北部至乌金峡出境。黄河兰州段穿行于峡谷和川地之间。川地河段的河面较宽，一般在 200~500 m；峡谷段河道狭长，一般在 60~100 m，兰州段流程 152 km，其中流经市区 48 km。黄河干流多年平均入境（兰州）水资源量为 138.27 亿 m^3。

2. 湟水（含大通河）

湟水（含大通河）干流甘肃境内共经过天祝县、永登县、红古区、永靖县、西固区等 5 个县（区）。湟水甘肃境内河长 38 km，占湟水干流的 10.2%，流域面积 0.38 万 km^2，多年平均入境径流量 16.2 亿 m^3。大通河甘肃境内河长 58 km，占大通河全长的 10.3%，其中和青海省界河 48 km，多年平均入境水资源量 24.76 亿 m^3。

3. 庄浪河

庄浪河发源于祁连山冷龙岭东端的得尔山、抓卡尔山。上游称金强河，由北向南东流，经扎龙掌、华藏寺，由天祝县界牌村入永登县境，行程 94.8 km，抵武胜驿，绕永登县城西下流至岗镇注入黄河。河道全长 184.8 km，流域面积 4 008 km^2，多年平均径流量 1.15 亿 m^3。

4. 宛川河

宛川河发源于临洮县站滩乡泉头村，于龙泉乡刘家嘴进入榆中县境内，河道大致呈东南—西北走向，干流长 84 km，流域面积 1 867 km^2，多年平均径流量 2 674.5 万 m^3。宛川河以高崖、夏官营为界，划分为上、中、下游三段，上游和中游河道分别长 24 km、37 km，中上游河道水流平顺，河槽规顺稳定；下游河道长 23 km，多属黄土沟壑区，河槽宽浅，沙滩密布，主流摆动。流域内建有高崖、龛谷峡两座水库。

流经兰州市主要河流特征值见表 2-6，流经兰州市主要河流示意图见图 2-9。

表 2-6 流经兰州市主要河流特征值

序号	河流名称	河流长度/km	流域面积/km^2	多年平均径流量/亿 m^3	境内河长/km
1	黄河干流	5 464	752 443	305	152
2	湟水	374	32 864	43.5	38
3	大通河	561	15 130	27.7	58
4	庄浪河	184.8	4 008	1.15	90
5	宛川河	84	1 867	2 674.5	75

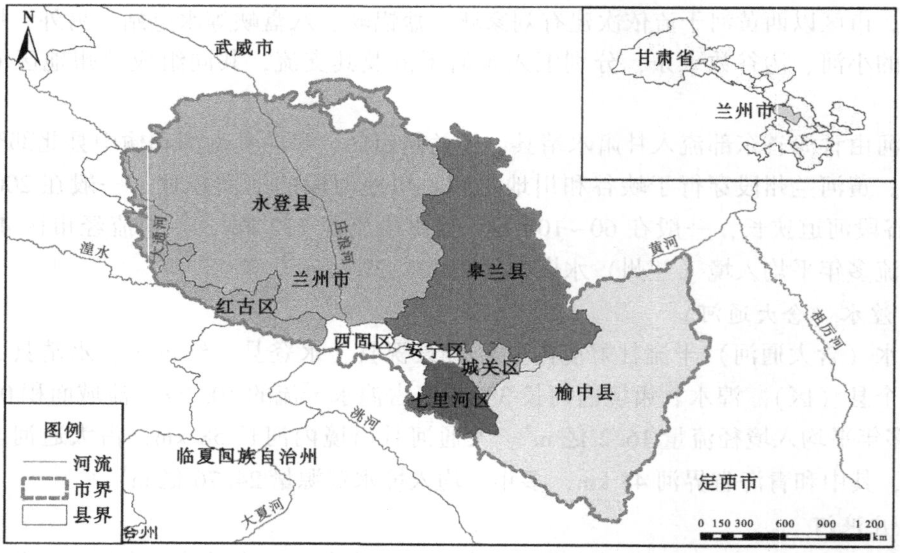

图 2-9 流经兰州市主要河流示意图

2.2.2 经济社会概况

2.2.2.1 行政区划及人口分布

兰州是甘肃省省会城市，是西北地区重要的中心城市、工业基地和综合交通枢纽、丝绸之路经济带的核心节点城市。现辖城关、七里河、西固、安宁、红古 5 区和永登、榆中、皋兰 3 县。

2021 年全市户籍人口为 336.28 万人，其中城镇人口 248.34 万人，乡村人口 87.94 万人。年末全市常住人口 438.43 万人，比 2020 年末增加 1.25 万人。其中，城镇人口 366.35 万人，占常住人口比重（常住人口城镇化率）为 83.56 %，比上年末提高 0.46 个百分点。全年出生人口 3.33 万人，出生率为 7.6‰；死亡人口 2.56 万人，死亡率为 5.84‰；人口自然增长率为 1.76‰。

2.2.2.2 社会经济

兰州是黄河上游重要的工业城市，现已形成以石油化工、装备制造、有色冶金、能源电力、生物医药、建材为主体，与西北资源开发相配套，门类比较齐全的工业体系，是我国西北石油化工基地和我国重要的原材料工业基地。中国石油天然气股份有限公司兰州石化分公司、中国铝业股份有限公司兰州分公司、兰州兰石集团有限公司等一批大型企业在全国占有重要地位。

2021 年，全市地区生产总值 3 231.29 亿元，按可比价格计算，比 2020 年增长 6.1%。分产业看，第一产业增加值 62.52 亿元，增长 7.4%；第二产业增加值 1 113.91 亿元，增长 5.6%；第三产业增加值 2 054.86 亿元，增长 6.4%。三次产业结构比为 1.94 : 34.47 : 63.59。

兰州市拥有省级以上工业园区 6 个，其中 2 个国家级，4 个省级。通过新建、依托管网敷设等方式，各园区内产生污水均依托城镇污水处理设施和企业污水处理设施进行处理。兰州市主要工业园区情况见表 2-7。

表 2-7　兰州市主要工业园区情况

序号	工业园区名称	县（区）	级别（国家/省）	污水集中处理设施建设	主导产业	流域水系
1	兰州经济技术开发区	安宁区	国家	七里河安宁污水处理厂	食品加工、机械制造、生物医药	黄河
2	兰州高新技术产业开发区	城关区	国家	雁儿湾污水处理厂	现代服务、软件开发、文化创意	黄河
3	兰州西固新城工业园区	西固区	省	西固区污水处理厂	现代物流、精细化工	黄河

续表 2-7

序号	工业园区名称	县（区）	级别（国家/省）	污水集中处理设施建设	主导产业	流域水系
4	兰州九州经济开发区	城关区	省	盐场污水处理厂	食品加工	黄河
5	兰州榆中和平园区	榆中县	省	和平污水处理厂	有色金属、医药制造、机械加工	柳沟河
6	兰州连海经济开发区（含红古园区、永登园区）	红古区、永登县	省	海石湾污水处理厂	碳素制品、有色冶金新材料、火电	湟水

2.2.3 区域水资源概况

2.2.3.1 水资源量

2022 年，兰州市降水量为 276.4 mm，略高于全省平均水平，分别较 2021 年和多年平均下降了 6.5%和 10.3%，合约 36.47 亿 m^3。全市水资源总量为 3.15 亿 m^3，较 2021 年减少了 14%左右。其中，地表水资源量为 2.53 亿 m^3，分别较 2021 年和多年平均减少了 16.7%和 30.9%；地下水资源量为 1.40 亿 m^3，不重复地下水资源量为 0.62 亿 m^3。全市人均水资源占有量仅为 71.3 m^3，较 2021 年大幅减少，仅为全省平均值的 1/13。2011—2022 年，兰州市近十多年平均水资源总量为 2.80 亿 m^3，各年度水资源总量总体呈增加趋势，但近年来有所下降。其中，地下水资源量在 2011—2018 年相对比较稳定，在 0.68 亿 m^3 上下波动，自 2019 年起呈现逐年上升的趋势；地表水资源量与水资源总量变化趋势基本一致，自 2016 年起逐年上升，2019—2022 年期间逐年下降。兰州市 2011—2022 年水资源量变化见图 2-10。

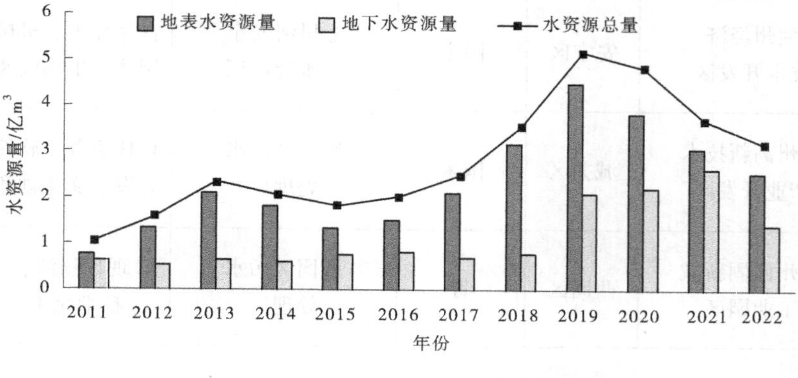

图 2-10 兰州市 2011—2022 年水资源量变化

2.2.3.2　水资源开发利用概况

1. 供水情况

2022 年，兰州市总供水量 10.92 亿 m^3，地表水水源供水量 10.01 m^3，占比 91.7%；地下水源供水量 0.47 亿 m^3，占比 4.3%；其他水源供水量 0.44 亿 m^3，占比 4.0%。2011—2022 年，兰州市总供水量整体呈下降趋势。近十多年，全市总供水量平均值为 12.4 亿 m^3。其中，地表水水源供水量平均值为 11.3 亿 m^3，总体呈下降趋势（2014—2018 年基本持平），占比保持在 90%左右；地下水源供水量平均值为 0.96 亿 m^3，均为浅层地下水供水，下降趋势较为明显（2013—2016 年基本持平），占比显著下降，近两年维持在 4%~5%；其他水源供水量持续上升，2016 年上升幅度较大，占总供水量比重平均为 1.7%，其来源主要为污水处理厂达标尾水回用。兰州市 2011—2022 年供水量变化见图 2-11。

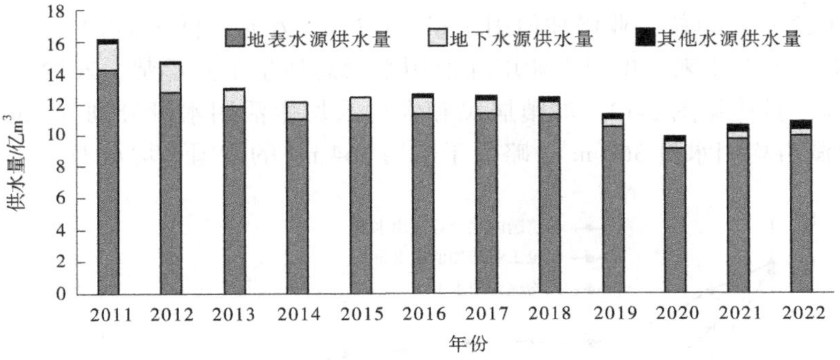

图 2-11　兰州市 2011—2022 年供水量变化

2. 用水情况

2022 年，兰州市总用水量 10.92 亿 m^3，其中农田灌溉用水量 4.51 亿 m^3，林牧渔畜用水量 0.43 亿 m^3，工业用水量 1.47 亿 m^3，城镇公共用水量 0.44 亿 m^3，居民生活用水量 2.04 亿 m^3，生态环境用水量 2.03 亿 m^3。从用水结构来看，兰州市农业、工业用水占比均低于全国平均水平，生态环境用水量高于全国平均水平。其中，农田灌溉用水量占总用水量比重最大，逐年呈波动变化趋势，年平均达 41.8%；林牧渔畜用水量占比相对较小，近十多年均在 5%以下；工业用水量总体呈减少趋势，2022 年全市工业用水量仅为 2011 年的 22.5%，占总用水量比重由 2011 年的 40.7%减少到 2022 年的 13.4%；城镇公共用水量变化趋势呈倒 U 形，在 2011—2019 年呈逐年增加趋势，2020—2022 年显著下降，下降幅度达 62.3%；居民生活用水量变化趋势总体呈 U 形，2022 年居民生活用水总量较 2011 年增加 40.3%；生态环境用水量变化趋势总体呈 U 形，占总用水量的比重在 2019—2021 年有较大幅度提高，分别较 2021 年提高 3.3%、5.4%和 6.3%。兰州市 2011—2022 年用水量变化见图 2-12。

从用水效率来看，2022 年，兰州市人均综合用水量为 247.3 m^3，低于 425 m^3 的同期全国平均水平；十多年来，全市人均综合用水量显著下降，2022 年较 2011 年下降了 43.1%。2022 年，单位国内生产总值用水量 32.7 m^3/万元，低于 50.1 m^3/万元的同期

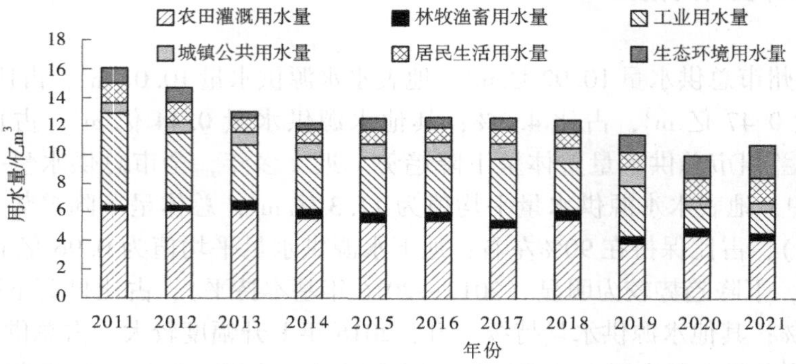

图 2-12　兰州市 2011—2022 年用水量变化

全国平均水平；十多年来，单位国内生产总值用水量逐年下降，2022 年较 2011 年下降了 72.3%。2022 年，单位工业增加值用水量 15.7 m^3/万元，低于 24.1 m^3/万元的同期全国平均水平；十多年来，单位工业增加值用水量总体呈下降趋势，2022 年较 2011 年下降了 86.9%，具体见图 2-13。城镇居民和农村人均生活用水量分别为 136 L/d 和 75 L/d。农田灌溉亩均用水量 360 m^3，略低于亩均 364 m^3 的全国平均水平。

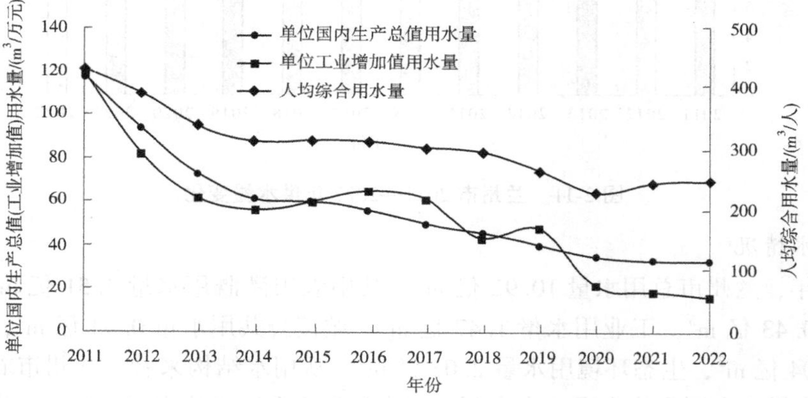

图 2-13　兰州市 2011—2022 年主要用水效率指标变化情况

3. 河川径流量

总体来看，兰州市入境水资源较为丰富，但各主要河流径流年内分配不均，汛期水量集中，冬春季水量小。贯穿市域的黄河及其支流湟水、大通河等河流入境流量达 300 亿 m^3 以上，且水量稳定，终年不封冻，含沙量较小，是兰州市的重要供水来源。根据黄河兰州站、大通河连城站、庄浪河天祝站等主要代表站年径流量资料，兰州市黄河干流、大通河、庄浪河连续最大 4 个月径流量分别占年径流量的 42%、60%和 62%，汛期径流量（5—9 月）分别占年径流量的 52%、64%和 61%。

4. 水库分布情况

兰州市水库主要分布在庄浪河及黄河干流，大多数集中在永登县地区，兰州市水库基本情况见表 2-8。

表 2-8　兰州市水库基本情况

序号	县（区、市）	水库名称	建成年份	总库容/万 m^3	水库规模	所在河流（湖泊）
1	榆中县	高崖水库	1960	1 160	中型	宛川河
2		龛谷水库	1976	125.16	小（1）型	龛谷河
3	皋兰县	山子墩水库	2004	111	小（1）型	黄河
4		曹家沟水库	2002	32	小（2）型	黄河
5		黑石水库	2005	26	小（2）型	黄河
6		三和水库	2009	14	小（2）型	黄河
7	永登县	石门沟水库	2012	630	小（1）型	大通河
8		大东湾水库	1972	155	小（1）型	庄浪河
9		尖山庙水库	2006	89.45	小（2）型	大通河
10		下河西水库	1968	47	小（2）型	庄浪河
11		鱼儿坝水库	1962	40	小（2）型	庄浪河
12		中坝水库	1958	37	小（2）型	庄浪河
13		黑石头水库	1962	25	小（2）型	庄浪河
14		东泉子水库	1973	24.73	小（2）型	庄浪河
15		护洼湾水库	1972	21.39	小（2）型	庄浪河
16		李尧沟水库	1969	17	小（2）型	庄浪河
17		五里墩水库	1973	13	小（2）型	庄浪河

2.3　污水处理调查分析

2.3.1　承纳废污水来源及构成

2.3.1.1　七里河安宁污水处理厂一期工程承纳废污水来源及构成

七里河安宁污水处理厂一期工程主要收集兰州市七里河区和安宁区辖区范围内的生活污水、企业产生的工业污水和排洪沟进水（七里河安宁区部分污水）。管网收集到的污水分别经七里河区雁伏滩泵站和安宁区与平滩泵站送至污水处理厂处理。

七里河安宁污水处理厂一期工程接纳的工业污水主要涉及酿酒、食品、设备制造、医疗、屠宰、建材、制药等行业，主要污染物包括 COD、氨氮、石油类、SS、硫化物、动植物油、阴离子表面活性剂和粪大肠菌群等。工业污水接纳量约占其废污水接纳总量的 6.8%，约占其设计处理规模的 5.7%。七里河安宁污水处理厂一期工程接纳工业污水情况统计见表 2-9。

表 2-9 七里河安宁污水处理厂一期工程接纳工业污水情况统计

序号	排污单位名称	排水量/(m^3/d)	主要污染物	排放限值/(mg/L)	备注
1	兰州黄河嘉酿啤酒有限公司	1 620.75	—	—	正常
2	兰州忠华商贸有限责任公司清真牛羊屠宰场	5.48	—	—	正常
3	兰州纯真餐具清洗消毒有限责任公司	6.85	—	—	正常
4	兰州铭帝铝业有限公司	54.79	COD/氨氮/悬浮物	—	正常
	兰州铭帝铝业有限公司清水营锅炉房		COD/氨氮/悬浮物	500/45/400	
5	兰州恒祥清净餐具消毒有限责任公司	4.11	—	—	正常
6	兰州真空设备有限责任公司	0.99	—	—	正常
7	兰州肉联厂有限责任公司	323.29	—	—	正常
8	兰州凤凰食品有限责任公司	5.48	—	—	正常

续表 2-9

序号	排污单位名称	排水量/(m^3/d)	主要污染物	排放限值/(mg/L)	备注
9	甘肃烟草工业有限责任公司	0.03	悬浮物/COD/氨氮/溶解性总固体/总磷	400/500/20/1 000/—	正常
10	兰州太宝制药有限公司	5.97	总磷/总氰化物/总有机碳/氨氮/急性毒性/色度/总氮/动植物油/COD/BOD_5/悬浮物/总砷/总汞	0.5/0.5/25/8.0/0.07/50/20/5.0/100/20/50/0.5/0.05	正常
11	兰州星月铝业有限公司	38.36	—	—	正常
12	甘肃驰奈生物能源系统有限公司	38.36	BOD_5/氨氮/悬浮物/动植物油/COD/总磷	300/45/400/100/500/8.0	工业污水不外排
13	甘肃天方食品有限责任公司	32.88	BOD_5/氨氮/悬浮物/动植物油/COD/磷酸盐	300/—/400/100/500/—	正常
14	兰州雪顿生物乳业有限公司	68.49	动植物油/悬浮物/COD/氨氮/磷酸盐/BOD_5	100/400/500/—/—/300	正常
15	甘肃联诚畜产生物制品有限公司	16.44	BOD_5/氨氮/悬浮物/动植物油/COD/磷酸盐	20/15/70/10/100/0.5	正常
16	兰州好净餐具消毒有限责任公司	4.11	—	—	正常
17	兰州卡尔洗涤有限公司	1.84	—	—	正常

续表 2-9

序号	排污单位名称	排水量/(m^3/d)	主要污染物	排放限值/(mg/L)	备注
18	武警甘肃总队医院	69.04	—	—	正常
19	中车兰州机车有限公司	27.40	—	—	正常
20	兰州斯凯特路桥预应力技术开发有限公司	2.63	BOD_5/总锌/氨氮/悬浮物/总铁/总磷/动植物油/COD/氟化物/总氮/石油类	200/5.0/45/220/10/3.5/100/400/20/40/15	正常
21	兰州市第三人民医院	34.52	总余氯/总氰化物/BOD_5/肠道致病菌/挥发酚/肠道病毒/氨氮/悬浮物/石油类/粪大肠菌群数/COD/阴离子表面活性剂/动植物油	—/0.5/100/—/1.0/—/—/60/20/5 000（个/L）/250/10/20	正常
22	兰州大学第一医院西站院区	23.0	—	—	正常
23	兰州理工大学医院	0.82	—	—	正常
24	兰州市七里河区人民医院	29.59	总余氯/总氰化物/BOD_5/肠道致病菌/挥发酚/肠道病毒/氨氮/悬浮物/石油类/粪大肠菌群数/COD/阴离子表面活性剂/动植物油	—/0.5/100/—/1.0/—/—/60/20/5 000（个/L）/250/10/20	正常
25	兰州西京医院	38.59	—	—	正常
26	兰州市中医院	29.59	—	—	正常

续表 2-9

序号	排污单位名称	排水量/(m^3/d)	主要污染物	排放限值/(mg/L)	备注
27	甘肃省肿瘤医院	300.0	总余氯/总氰化物/BOD_5/肠道致病菌/挥发酚/肠道病毒/氨氮/悬浮物/石油类/粪大肠菌群数/COD/阴离子表面活性剂/动植物油/总 α 放射性/总 β 放射性/溶解性总固体	—/0.5/100/—/1.0/—/—/60/20/5 000（个/L）/250/10/20/1B（q/L）/10（Bq/L）2 000	正常
28	甘肃省人民医院西院区	40.00	COD/氨氮	—/—	正常
29	甘肃圣德瑞康医院	7.12	—	—	正常
30	兰州市第一人民医院	27.40	石油类/溶解性总固体/BOD_5/悬浮物/总余氯/肠道病毒/COD/粪大肠菌群数/动植物油/肠道致病菌/阴离子表面活性剂/总氰化物/氨氮/挥发酚	20/—/100/60/—/—/250/5 000（个/L）/20/—/10/0.5/—/1.0	正常
31	甘肃省中医院	27.40	—	—	正常
32	兰州兰石医院	41.10	石油类/肠道病毒/动植物油/COD/挥发酚/氨氮/总余氯/阴离子表面活性剂/BOD_5/总氰化物/悬浮物/肠道致病菌/粪大肠菌群数	20/—/20/250/1.0/—/2/—/8/10/100/0.5/60/—/5 000（个/L）	正常

续表 2-9

序号	排污单位名称	排水量/(m^3/d)	主要污染物	排放限值/(mg/L)	备注
33	甘肃省妇幼保健院	41.10	石油类/溶解性总固体/BOD_5/悬浮物/总余氯/肠道病毒/COD/粪大肠菌群数/动植物油/肠道致病菌/阴离子表面活性剂/总氰化物/氨氮/挥发酚	20/—/—/60/—/—/250/5 000（个/L）/20/—/—/0.5/—/1.0	正常
34	兰州肛泰肛肠医院	5.92	—	—	正常
35	兰州金港城医院	4.11	—	—	正常
36	甘肃长风电子科技有限责任公司	312.55	COD/氨氮/总磷/总氮/总锌/总铜/氟化物/石油类/总氰化物/六价铬/总铬/总镍/总银/悬浮物	80/15/1.0/20/1.5/0.5/10/3.0/0.3/0.2/1.0/0.5/0.3/50	正常
37	兰州方正包装有限责任公司	57.53	—	—	正常
38	兰州助剂厂股份有限公司	209.93	COD/氨氮/悬浮物/全盐量/BOD_5	—	正常
39	甘肃省第二强制隔离戒毒所	9.59	COD/氨氮/悬浮物	500/—/400	正常
40	兰州星火机床有限公司	97.10	—	—	正常
41	兰州新兴热力有限公司	4.03	BOD_5/氨氮/悬浮物/动植物油/COD/总磷/溶解性总固体	350/45/400/100/500/8/2 000	正常

续表 2-9

序号	排污单位名称	排水量/(m^3/d)	主要污染物	排放限值/(mg/L)	备注
42	甘肃农业大学	1 664.66	COD/氨氮/悬浮物/溶解性总固体	500/45/400/2 000	正常
43	兰州城市学院(培黎校区)	22.82	COD/氨氮/悬浮物/溶解性总固体	500/45/400/2 000	正常
	兰州城市学院(校本部)		COD/氨氮/悬浮物/溶解性总固体	500/—/400/—	
44	中共甘肃省委党校	531.52	BOD_5/氨氮/悬浮物/动植物油/COD/总磷/溶解性总固体	350/45/400/100/500/8/2 000	正常
45	兰州职业技术学院	163.01	—	—	正常
46	兰州电力学校	76.71	—	—	正常
47	西北师范大学后勤服务集团	191.78	—	—	正常
48	甘肃政法学院	38.36	COD/氨氮/悬浮物/溶解性总固体	500/45/400/2 000	正常
49	兰州交通大学	421.92	COD/氨氮/悬浮物/溶解性总固体/总磷/动植物油/BOD_5	500/45/400/2 000/8/100/350	正常
50	兰州安宁十里店供热站	8.05	—	—	正常
51	兰州市安宁区机关服务中心	4.32	—	—	正常

续表 2-9

序号	排污单位名称	排水量/(m^3/d)	主要污染物	排放限值/(mg/L)	备注
52	甘肃交通职业技术学院	13.10	COD/氨氮/悬浮物/溶解性总固体	500/45/400/2 000	正常
53	兰州教育世家物业管理有限公司	0.81	—	—	正常
54	兰州市新兴物业服务有限责任公司	7.45	COD/氨氮/悬浮物/溶解性总固体	500/45/400/2 000	正常
55	甘肃省农业科学院	4.60	COD/氨氮/悬浮物/溶解性总固体	500/45/400/2 000	正常
56	兰州市国资物业管理有限公司	8.25	—	—	正常
57	兰州亚华石油化工有限责任公司	12.47	COD/BOD_5/悬浮物/氨氮/总磷/总氮/可吸附有机卤化物/总有机碳/烷基汞/总汞/总铬/总铅/六价铬/总镉/总砷/总镍	1 000/—/—/—/—/—/—/—/—/0.05/1.5/1.0/0.5/0.1/0.5/1.0	进入兰石化污水处理系统
58	兰州众邦电线电缆集团有限公司	411.25	总锌/溶解性总固体/总铅/氨氮/石油类/悬浮物/动植物油/COD/总铜	5.0/2 000/0.5/45/15/400/100/500/2.0	正常
59	兰州佛慈制药股份有限公司(安宁分公司)	154.07	急性毒性/BOD_5/总氮/氨氮/总汞/悬浮物/总有机碳/总氰化物/动植物油/总磷/总砷/COD	0.07/20/20/8.0/0.05/50/25/0.5/5.0/0.5/0.5/100	正常

续表 2-9

序号	排污单位名称	排水量/(m^3/d)	主要污染物	排放限值/(mg/L)	备注
60	兰州吊场集中供热站	11.51	—	—	正常
61	兰州中兴科技实业发展有限公司	13.81	COD/氨氮/悬浮物	500/—/400	正常
62	兰州桃海实业有限公司	4.72	COD/氨氮/悬浮物	500/45/400	正常
63	兰州万里航空机电有限责任公司	306.85	—	—	正常
64	兰州经济技术开发区城市建设投融资发展公司(宝和园热力有限公司)	23.97	—	—	正常
65	兰州飞行控制有限责任公司	537.0	—	—	正常
66	兰州兰石物业服务有限公司	5.75	—	—	正常
67	兰州顶津食品有限公司	1 643.84	COD/氨氮/总磷/总氮/溶解性总固体/悬浮物/色度	500/45/8.0/70/2 000/400/64	正常
68	甘肃东兴铝业有限公司兰州分公司	0.96	—	—	正常

续表 2-9

序号	排污单位名称	排水量/(m^3/d)	主要污染物	排放限值/(mg/L)	备注
69	华润雪花啤酒（甘肃）有限公司	1 230. 92	COD/氨氮/总磷/总氮/悬浮物/BOD_5	80/15/3. 0/70/70/20	正常
70	兰州铁路局兰州西机务段	134. 0	—	—	正常
废污水排放量合计		11 316. 76	—	—	—

按照当地生态环境部门和城建部门的要求，工业污水排入七里河安宁污水处理厂应满足相关行业水污染物排放标准及《污水排入城镇下水道水质标准》（GB/T 31962—2015）。

2. 3. 1. 2　**七里河安宁污水处理厂改扩建工程承纳废污水来源及构成**

七里河安宁污水处理厂改扩建工程主要收集兰州市七里河区和安宁区辖区范围内的生活污水、企业产生的工业污水和排洪沟进水。将管网收集到的污水分别经七里河区雁伏滩泵站和安宁区和平滩泵站送至污水处理厂处理。收水范围、服务面积及服务人口较一期工程均有增加。

与一期工程承纳废污水来源及构成相比较，改扩建工程注销、关停或是搬迁共计15 家企业，工业污水接纳量由 11 316. 76 m^3/d 增加到 12 235. 99 m^3/d。

改扩建工程目前接纳的工业污水主要涉及酿酒、食品、设备制造、医疗、屠宰、建材、制药等行业，主要污染物包括 COD、氨氮、石油类、SS、硫化物、动植物油、阴离子表面活性剂和粪大肠菌群等。与一期工程接纳的工业污水涉及的行业及主要污染物基本没有变化。工业污水接纳量约占其现状废污水接纳总量的 5. 8%，约占其设计处理规模的 4. 1%。

将接纳的工业污水分行业进行统计分析，酿酒业排放主要污染物有 COD、氨氮、总磷及总氮等，排放量占工业污水接纳总量的 17. 8%；食品业排放主要污染物有 COD、氨氮、总磷、总氮及悬浮物等，排放量占工业污水接纳总量的 26. 3%；医疗及制药业排放主要污染物有 COD、氨氮、总磷、总氮、悬浮物、急性毒性、动植物油、石油类、粪大肠菌群、总余氯、总氰化物及重金属等，排放量占工业污水接纳总量的 15. 4%；另外，七里河安宁污水处理厂接纳有 10 余家大学院校污水，主要排放物为 COD、氨氮、悬浮物及溶解性总固体等，排放量占工业污水接纳总量的 25. 6%；其他行业包含制造业、石油化工行业、屠宰及建材业等，主要排放物为 COD、氨氮及少量重金属等，排放量占工业污水接纳总量的 14. 9%。七里河安宁污水处理厂改扩建工程接纳工业污水情况统计见表 2-10。

表 2-10 七里河安宁污水处理厂改扩建工程接纳工业污水情况统计

序号	排污单位名称	排水量/(m^3/d)	主要污染物	排放限值/(mg/L)	备注
1	中车兰州机车有限公司	27. 40	—	—	正常
2	甘肃长风电子科技有限责任公司	107. 0	COD/氨氮/总磷/总氮/总锌/总铜/氟化物/石油类/总氰化物/六价铬/总铬/总镍/总银/悬浮物	80/15/1. 0/20/1. 5/0. 5/10/3. 0/0. 3/0. 2/1. 0/0. 5/0. 3/50	正常
3	兰州方正包装有限责任公司	57. 53	—	—	正常
4	甘肃省第二强制隔离戒毒所	9. 59	COD/氨氮/悬浮物	500/—/400	正常
5	兰州星火机床有限公司	97. 1	—	—	正常
6	兰州新兴热力有限公司	4. 03	BOD_5/氨氮/悬浮物/动植物油/COD/总磷/溶解性总固体	350/45/400/100/500/8/2 000	正常
7	甘肃农业大学	1 664. 66	COD/氨氮/悬浮物/溶解性总固体	500/45/400/2 000	正常
8	兰州城市学院(培黎校区)	22. 82	COD/氨氮/悬浮物/溶解性总固体	500/45/400/2 000	正常
	兰州城市学院(校本部)		COD/氨氮/悬浮物/溶解性总固体	500/—/400/—	

续表 2-10

序号	排污单位名称	排水量/(m^3/d)	主要污染物	排放限值/(mg/L)	备注
9	中共甘肃省委党校	531.52	BOD_5/氨氮/悬浮物/动植物油/COD/总磷/溶解性总固体	350/45/400/100/500/8/2 000	正常
10	兰州职业技术学院	163.01	—	—	正常
11	兰州电力学校	76.71	—	—	正常
12	西北师范大学后勤服务集团	191.78	—	—	正常
13	甘肃政法学院	38.36	COD/氨氮/悬浮物/溶解性总固体	500/45/400/2 000	正常
14	兰州交通大学	421.92	COD/氨氮/悬浮物/溶解性总固体/总磷/动植物油/BOD_5	500/45/400/2 000/8/100/350	正常
15	兰州安宁十里店供热站	8.05	—	—	正常
16	兰州市安宁区机关服务中心	4.32	—	—	正常
17	甘肃交通职业技术学院	13.1	COD/氨氮/悬浮物/溶解性总固体	500/45/400/2 000	正常
18	兰州教育世家物业管理有限公司	0.81	—	—	正常

续表 2-10

序号	排污单位名称	排水量/(m^3/d)	主要污染物	排放限值/(mg/L)	备注
19	兰州市新兴物业服务有限责任公司	7.45	COD/氨氮/悬浮物/溶解性总固体	500/45/400/2 000	正常
20	甘肃省农业科学院	4.6	COD/氨氮/悬浮物/溶解性总固体	500/45/400/2 000	正常
21	兰州市国资物业管理有限公司	8.25	—	—	正常
22	兰州众邦电线电缆集团有限公司	411.25	总锌/溶解性总固体/总铅/氨氮/石油类/悬浮物/动植物油/COD/总铜	5.0/2 000/0.5/45/15/400/100/500/2.0	正常
23	兰州吊场集中供热站	11.51	—	—	正常
24	兰州中兴科技实业发展有限公司	13.81	COD/氨氮/悬浮物	500/—/400	正常
25	兰州桃海实业有限公司	4.72	COD/氨氮/悬浮物	500/45/400	正常
26	兰州万里航空机电有限责任公司	273.42	—	—	正常
27	兰州经济技术开发区城市建设投融资发展公司(宝和园热力有限公司)	23.97	—	—	正常

续表 2-10

序号	排污单位名称	排水量/(m^3/d)	主要污染物	排放限值/(mg/L)	备注
28	兰州飞行控制有限责任公司	420.0	—	—	正常
29	兰州兰石物业服务有限公司	5.75	—	—	正常
30	兰州顶津食品有限公司	2 953.0	COD/氨氮/总磷/总氮/溶解性总固体/悬浮物/色度	500/45/8.0/70/2 000/400/64	正常
31	华润雪花啤酒(甘肃)有限公司	700.0~900.0	COD/氨氮/总磷/总氮/悬浮物/BOD_5	80/15/3.0/70/70/20	正常
32	兰州铁路局兰州西机务段	134	—	—	正常
33	兰州黄河嘉酿啤酒有限公司	1 481.26	—	—	正常
34	甘肃烟草工业有限责任公司	150.70	悬浮物/COD/氨氮/溶解性总固体/总磷	400/500/20/1 000/—	正常
35	兰州太宝制药有限公司	64.52	总磷/总氰化物/总有机碳/氨氮/急性毒性/色度/总氮/动植物油/COD/BOD_5/悬浮物/总砷/总汞	0.5/0.5/25/8.0/0.07/50/20/5.0/100/20/50/0.5/0.05	正常
36	甘肃天方食品有限责任公司	21.74	BOD_5/氨氮/悬浮物/动植物油/COD/磷酸盐	300/—/400/100/500/—	正常

续表 2-10

序号	排污单位名称	排水量/(m^3/d)	主要污染物	排放限值/(mg/L)	备注
37	兰州雪顿生物乳业有限公司	245.04	动植物油/悬浮物/COD/氨氮/磷酸盐/BOD_5	100/400/500/—/—/300	正常
38	甘肃联诚畜产生物制品有限公司	6.00	BOD_5/氨氮/悬浮物/动植物油/COD/磷酸盐	20/15/70/10/100/0.5	正常
39	兰州好净餐具消毒有限责任公司	5.10	—	—	正常
40	兰州斯凯特路桥预应力技术开发有限公司	27.82	BOD_5/总锌/氨氮/悬浮物/总铁/总磷/动植物油/COD/氟化物/总氮/石油类	200/5.0/45/220/10/3.5/100/400/20/40/15	正常
41	武警甘肃总队医院	150.00	—	—	正常
42	兰州市第三人民医院	98.63	总余氯/总氰化物/BOD_5/肠道致病菌/挥发酚/肠道病毒/氨氮/悬浮物/石油类/粪大肠菌群数/COD/阴离子表面活性剂/动植物油	—/0.5/100/—/1.0/—/—/60/20/5 000（个/L）/250/10/20	正常
43	兰州大学第一医院西站院区	9.86	—	—	正常
44	兰州理工大学医院	1.00	—	—	正常

续表 2-10

序号	排污单位名称	排水量/(m^3/d)	主要污染物	排放限值/(mg/L)	备注
45	兰州市七里河区人民医院	33.00	总余氯/总氰化物/BOD_5/肠道致病菌/挥发酚/肠道病毒/氨氮/悬浮物/石油类/粪大肠菌群数/COD/阴离子表面活性剂/动植物油	—/0.5/100/—/1.0/—/—/60/20/5 000（个/L）/250/10/20	正常
46	兰州西京医院	20.00	—	—	正常
47	兰州市中医院	60.00	—	—	正常
48	甘肃省肿瘤医院	250.00	总余氯/总氰化物/BOD_5/肠道致病菌/挥发酚/肠道病毒/氨氮/悬浮物/石油类/粪大肠菌群数/COD/阴离子表面活性剂/动植物油/总α放射性/总β放射性/溶解性总固体	—/0.5/100/—/1.0/—/—/60/20/5 000（个/L）/250/10/20/1（Bq/L）/10（Bq/L）2 000	正常
49	兰州市第一人民医院	450.00	石油类/溶解性总固体/BOD_5/悬浮物/总余氯/肠道病毒/COD/粪大肠菌群数/动植物油/肠道致病菌/阴离子表面活性剂/总氰化物/氨氮/挥发酚	20/—/100/60/—/—/250/500/20/—/10/0.5/—/1.0	正常
50	甘肃省中医院	600.00	—	—	正常

续表 2-10

序号	排污单位名称	排水量/(m^3/d)	主要污染物	排放限值/(mg/L)	备注
51	兰州兰石医院	60. 00	石油类/肠道病毒/动植物油/COD/挥发酚/氨氮/总余氯/阴离子表面活性剂/BOD_5/总氰化物/悬浮物/肠道致病菌/粪大肠菌群数	20/—/20/250/1. 0/—/2—8/10/100/0. 5/60/—/5 000（个/L）	正常
52	甘肃省妇幼保健院	80. 00	石油类/溶解性总固体/BOD_5/悬浮物/总余氯/肠道病毒/COD/粪大肠菌群数/动植物油/肠道致病菌/阴离子表面活性剂/总氰化物/氨氮/挥发酚	20/—/—/60/—/—/250/5 000（个/L）/20/—/—/0. 5/—/1. 0	正常
53	兰州肛泰肛肠医院	3. 00	—	—	正常
54	兰州天时洁康餐具消毒有限公司	6. 50	—	—	正常
55	兰州亚可喜食品有限责任公司	0. 38	—	—	正常
废污水排放量合计		12 235. 99			

按照当地生态环境部门和城建部门的要求，工业污水排入七里河安宁污水处理厂应满足相关行业水污染物排放标准及《污水排入城镇下水道水质标准》（GB/T 31962—2015）。

2. 3. 2　污水处理工程进水分析

2. 3. 2. 1　**进水量**

对 2019—2021 年七里河安宁污水处理厂逐日进水量数据进行分析，统计其污水处理量特征值，结果见表 2-11。

表 2-11 七里河安宁污水处理厂污水处理量特征值统计 单位：m^3/d

特征值	年度			2019—2021 年平均
	2019	2020	2021	
日均处理量	164 899	210 481	209 690	195 023. 3
最大日处理量	231 741	254 432	256 005	
最小日处理量	49 246	137 278	148 998	

由统计结果可知，2019—2021 年七里河安宁污水处理厂日均处理量在 164 899～210 481 m^3/d。最大日处理量在 231 741～254 432 m^3/d，最大日处理量已超出其高峰设计流量 25 万 m^3/d。一期设计处理规模已不能完全满足实际需要。

对七里河安宁污水处理厂在线水量监测日报表进行简要分析，结果表明污水处理厂每日各时段进水量没有呈现出明显的峰谷变化，2019—2021 年每日各时段进水量基本在 5 000～11 000 m^3 内波动。

将典型日 2020 年 1 月 23 日（代表冬季）和 2020 年 7 月 26 日（代表夏季）的进水量在线监测数据列于表 2-12 中。数据显示，这两日 0 时到 23 时进水量基本在 5 852～10 785 m^3 内波动，未呈现明显的峰谷变化。

表 2-12 典型日各时段进水量统计 单位：m^3

2020 年 1 月 23 日				2020 年 7 月 26 日			
时间	进水量	时间	进水量	时间	进水量	时间	进水量
00：00	10 013	12：00	8 840	00：00	9 464	12：00	10 345
01：00	9 525	13：00	8 740	01：00	9 061	13：00	10 491
02：00	8 945	14：00	9 159	02：00	8 645	14：00	10 551
03：00	8 459	15：00	9 213	03：00	8 002	15：00	10 545
04：00	7 406	16：00	10 332	04：00	7 471	16：00	10 442
05：00	5 998	17：00	10 607	05：00	7 314	17：00	10 407
06：00	6 888	18：00	10 389	06：00	7 788	18：00	10 356
07：00	6 466	19：00	10 423	07：00	8 727	19：00	10 403
08：00	5 852	20：00	10 328	08：00	8 724	20：00	10 432
09：00	6 380	21：00	10 353	09：00	9 640	21：00	10 404
10：00	7 876	22：00	10 524	10：00	10 321	22：00	10 341
11：00	8 786	23：00	10 785	11：00	10 273	23：00	10 500

分析原因，可能是由于大、中型城市污水处理厂服务区域大，区域内住宅、商店、办公楼、机关等不同类型建筑物的排水变化规律不同，有互补作用，再加上污水管网对水量的均衡作用，所以污水处理厂进水量并未随不同时间段用水高峰呈现明显的峰谷特征。

2.3.2.2　进水水质

对 2019—2021 年七里河安宁污水处理厂进水口在线水质监测数据及兰州市环境监测站监督性监测数据进行分析，统计污水处理工程进水水质特征，结果见图 2-14～图 2-22、表 2-13、表 2-14（2019 年 4 月 20 日至 5 月 9 日，自动监测系统发生故障，缺少在线进水量、COD 和氨氮进水浓度）。

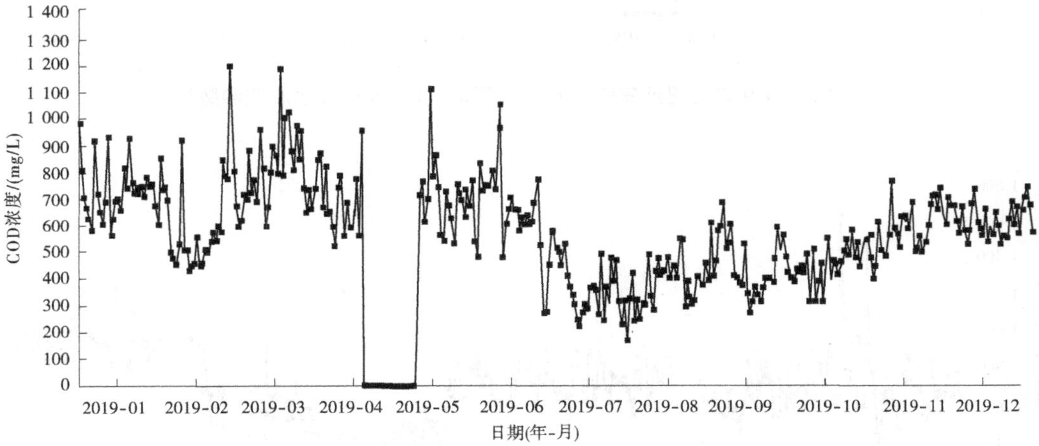

图 2-14　2019 年七里河安宁污水处理厂进水口 COD 在线水质监测数据

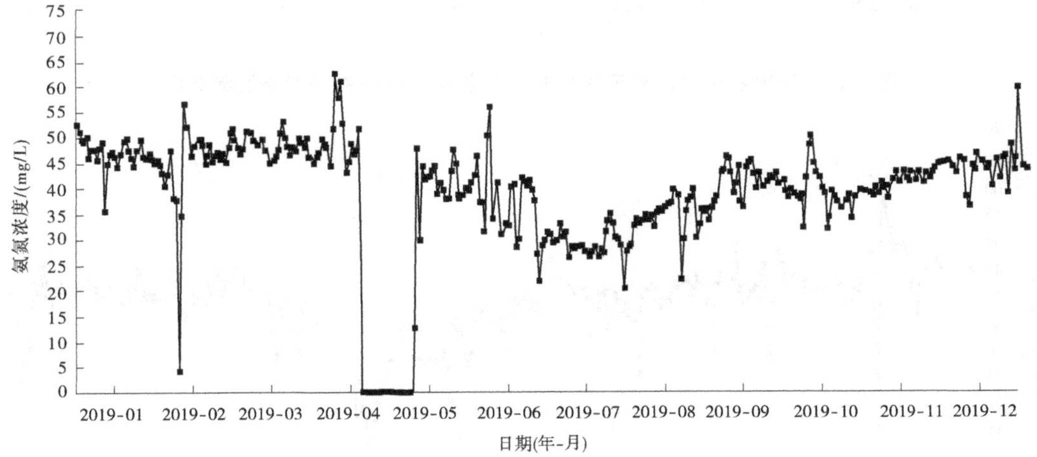

图 2-15　2019 年七里河安宁污水处理厂进水口氨氮在线水质监测数据

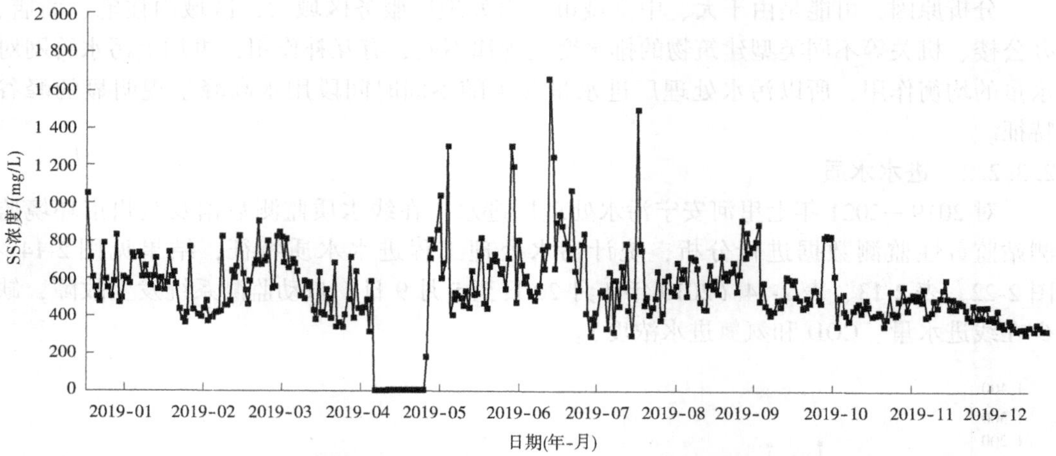

图 2-16　2019 年七里河安宁污水处理厂进水口 SS 在线水质监测数据

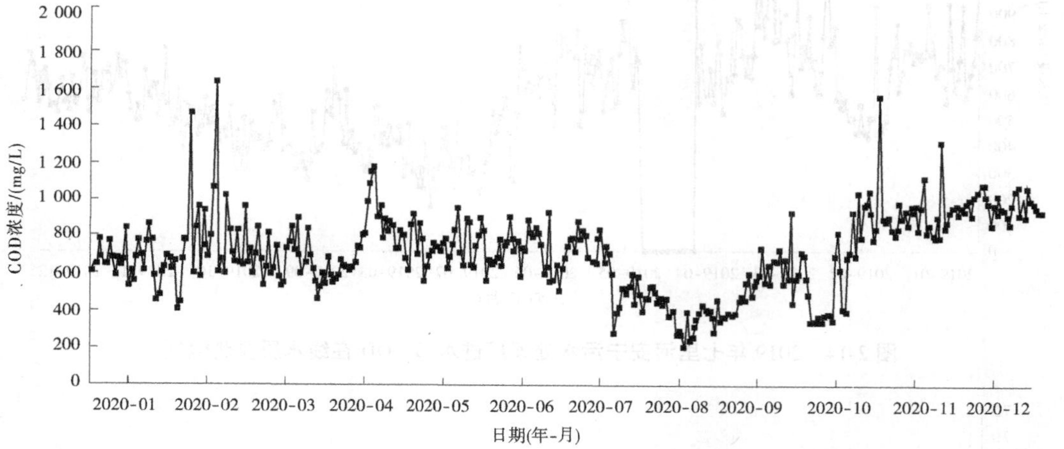

图 2-17　2020 年七里河安宁污水处理厂进水口 COD 在线水质监测数据

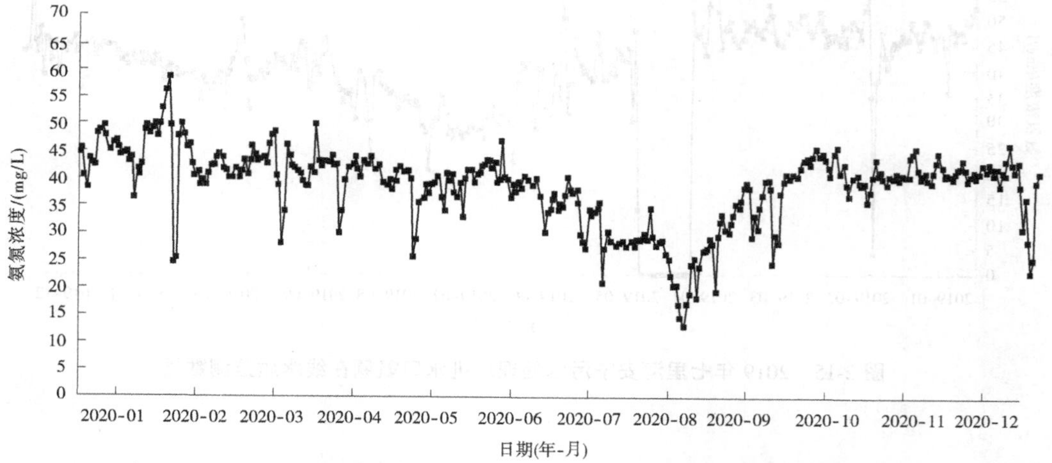

图 2-18　2020 年七里河安宁污水处理厂进水口氨氮在线水质监测数据

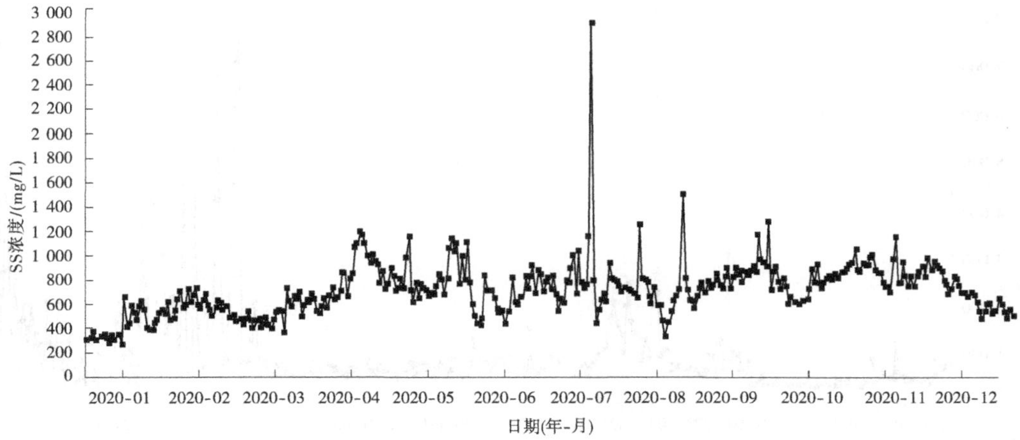

图 2-19　2020 年七里河安宁污水处理厂进水口 SS 在线水质监测数据

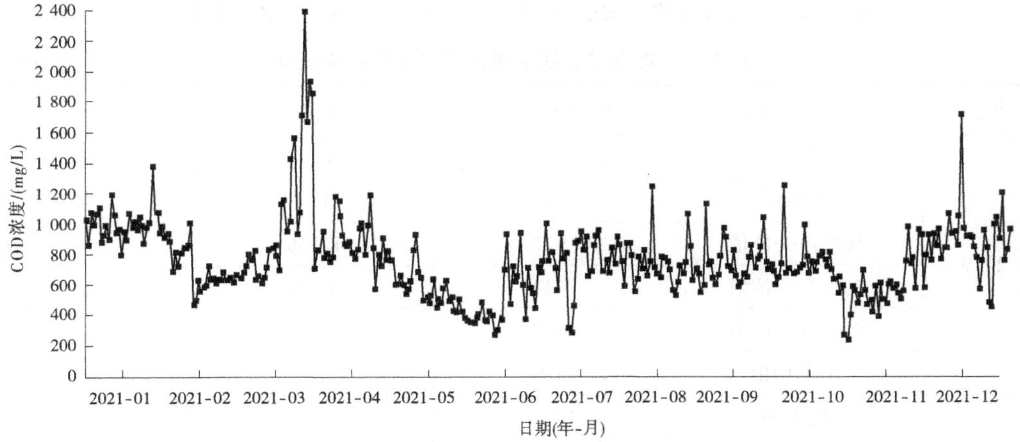

图 2-20　2021 年七里河安宁污水处理厂进水口 COD 在线水质监测数据

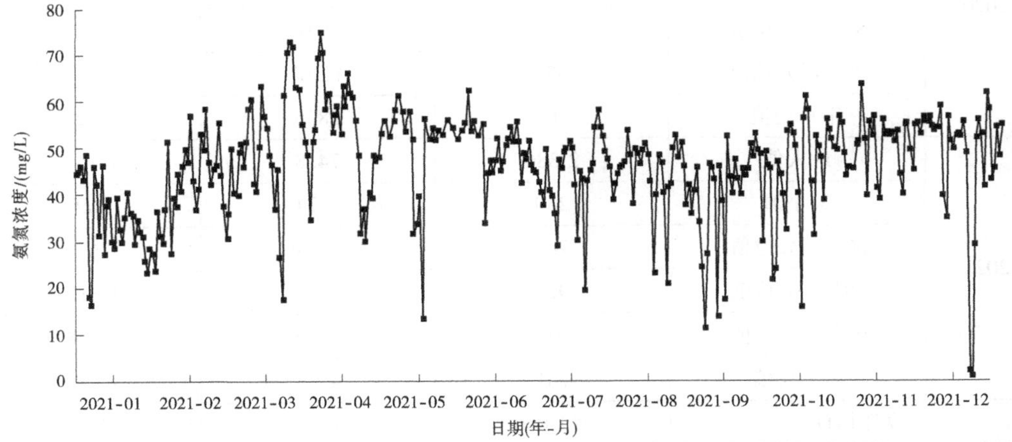

图 2-21　2021 年七里河安宁污水处理厂进水口氨氮在线水质监测数据

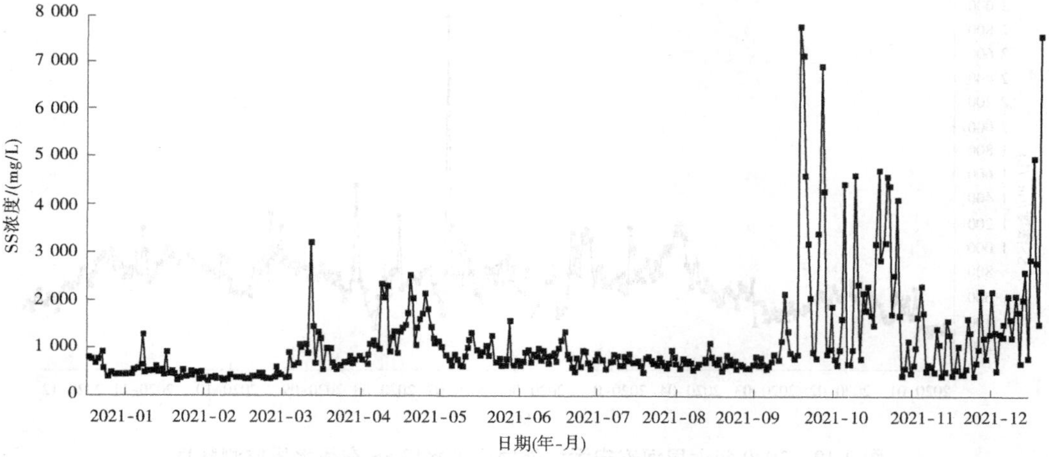

图 2-22 2021 年七里河安宁污水处理厂进水口 SS 在线水质监测数据

表 2-13 进水口在线水质监测结果特征值统计 单位：mg/L

年度	统计指标	COD	氨氮	SS
2019	最大值	1 197	62. 6	1 668
	最小值	163	4. 5	176
	50th 百分位值	577	42. 36	516
	80th 百分位值	733	47. 2	692
	90th 百分位值	803	49. 5	788
	年平均值	579	41. 3	559
2020	最大值	1 633	58. 4	2 911
	最小值	201	13. 2	269
	50th 百分位值	690	40. 26	708
	80th 百分位值	886	43. 09	859
	90th 百分位值	957	44. 67	936
	年平均值	703	38. 5	712
2021	最大值	2 386	74. 8	7 704
	最小值	230	1. 24	309
	50th 百分位值	747	48. 14	761
	80th 百分位值	928	54. 8	1 310
	90th 百分位值	1 010	56. 9	2 058
	年平均值	761	46. 4	1 077
设计指标		≤1 000	≤45	≤1 000

表 2-14　进水口监督性监测结果特征值统计

年度	特征值	pH	COD	BOD_5	石油类	动植物油	SS	氨氮	TN	TP	色度	六价铬	总铬	粪大肠菌群	LAS	总汞	总镉	总砷	总铅	烷基汞
		无量纲	mg/L								倍	mg/L		个/L	mg/L					ng/L
2019	最大值		508					55. 3												
	最小值		381					50. 1												
	平均值	7. 69	444. 5	261	1. 07	14. 6	480	52. 7	53. 8	5. 39	160	0. 004 L	0. 001 24	≥2 400 000	2. 93	0. 000 36	0. 002 09	0. 001 4	0. 011 2	<DL
2020	最大值																			
	最小值																			
	平均值	7. 57	244	67. 1	0. 18	3. 98	795	51. 6	119	6. 55	200	0. 004 L	0. 001 7	≥2 400 000	1. 69	0. 000 44	0. 000 05 L	0. 002	0. 013 1	<DL
2021	最大值		892					67. 2												
	最小值		246					56. 8												
	平均值	8. 08	569	467	0. 06 L	0. 13	693	62	83. 3	12. 5	21	0. 004 L	0. 003 39	≥2 400 000	1. 6	0. 000 42	0. 000 12	0. 001 7	0. 007 78	<DL
长系列均值		7. 78	419. 2	265	0. 43	6. 24	656	55. 4	85. 4	8. 15	127	0. 004 L	0. 002 11	≥240 000	2. 07	0. 000 41	0. 000 17	0. 001 7	0. 011	<DL
设计指标			≤1 000	≤500			≤1 000	≤45	≤70	≤9										
《污水排入城镇下水道水质标准》(GB/T 31962—2015)B 等级		6. 5~9. 5	500	350	15	100	400	45	70	8	64	0. 5	1. 5		20	0. 005	0. 05	0. 3	0. 5	

注:1. 2019—2020 年全项目监测只有 1 次,除 COD、氨氮外,其他项目年平均值为单次监测值,下同。

2. <DL 为未检出,平均值按照 1/2 检出限参与计算,下同。

3. 未检出时,以检出限加“L”表示,余同。

在线监测统计结果表明，七里河安宁污水处理厂进水水质波动较大，其中 COD 波动范围为 163～2 386 mg/L，氨氮波动范围为 4.5～74.8 mg/L，SS 波动范围为 176～7 704 mg/L，进水 COD 基本能满足设计指标要求，氨氮 50th 百分位值仍超出设计指标 7%，SS 80th 百分位值超出设计指标 31%，SS 进水超标情况较为严重。

监督性监测统计结果表明，设计进水的 6 项指标中氨氮、总氮的均值不满足设计要求。监测的其他污染物中，色度的均值超出了《污水排入城镇下水道水质标准》（GB/T 31962—2015）B 等级。

2.3.2.3 改扩建工程投运后进水情况分析

七里河安宁污水处理厂改扩建工程于 2022 年 3 月底投运并完成部分切换工作，目前一期工程与改扩建工程同时运行，截至 6 月底，一期工程与改扩建工程最大日处理量分别达到 197 432 m^3、65 129 m^3。对七里河安宁污水处理厂一期工程 2022 年 1—6 月进水在线监测数据及改扩建工程 2022 年 4—6 月进水自测数据进行统计分析，结果见表 2-15。

表 2-15 进水口水质监测结果特征值统计 单位：mg/L

统计指标	一期工程			改扩建工程				
	COD	氨氮	SS	COD	氨氮	SS	TN	TP
最大值	1 609	69.53	7 458	1 790	71.3	1 716	88	14.5
最小值	180	18.17	399	123	5.3	76	46.6	3.76
50th 百分位值	881	53.81	1 444	479	59.1	211	67.2	5.79
80th 百分位值	1 032	57.89	2 458	575	63.5	323	71.8	8.01
90th 百分位值	1 130	60.21	3 267	956	64.9	442	76.4	9.65
日均值	859.6	53.8	1 792.1	548.4	58.1	295.1	67.6	6.52
设计指标	≤1 000	≤45	≤1 000	≤860	≤45	≤860	≤65	≤9.5

在线监测水质数据统计结果表明，七里河安宁污水处理厂一期工程与改扩建工程进水水质波动较大，各项指标均有超出设计指标的情况，氨氮超出设计指标的幅度最大。一期工程进水氨氮 50th 百分位值超出设计指标 19.6%，改扩建工程进水氨氮 50th 百分位值超出设计指标 31.3%。七里河安宁污水处理厂应根据进水水质超出设计指标的情况及时调整运行参数，必要时增加预处理设施，确保后续工段的处理效果。

2.3.3 污水处理工程出水分析

2.3.3.1 出水量

对 2019—2021 年七里河安宁污水处理厂逐日出水量数据进行统计分析，结果见表 2-16。

表 2-16　七里河安宁污水处理厂出水量特征值统计　单位：m^3/d

特征值	年度			2019—2021 年平均
	2019	2020	2021	
日均出水量	157 218	190 087	180 793	176 032. 7
最大日出水量	198 709	212 848	219 245	
最小日出水量	32 569	103 287	146 056	

由统计结果可知，2019—2021 年七里河安宁污水处理厂日均出水量为 157 218～190 087 m^3/d，最大日出水量为 198 709～219 245 m^3/d。

对七里河安宁污水处理厂在线水量监测日报表进行简要分析，结果表明污水处理厂每日各时段出水量没有呈现出明显的峰谷变化，2019—2021 年每日各时段出水量基本在 6 000～9 200 m^3 内波动。

将典型日 2020 年 1 月 23 日（代表冬季）和 2020 年 7 月 26 日（代表夏季）的出水量在线监测数据列于表 2-17 中。数据显示，这两日 0 时到 23 时出水量基本在 6 196～9 177 m^3 内波动，未呈现明显的峰谷变化。

表 2-17　典型日各时段出水量统计　单位：m^3

2020 年 1 月 23 日				2020 年 7 月 26 日			
时间	出水量	时间	出水量	时间	出水量	时间	出水量
00：00	9 090	12：00	8 692	00：00	9 127	12：00	8 395
01：00	9 057	13：00	8 848	01：00	8 812	13：00	8 483
02：00	8 704	14：00	9 008	02：00	8 405	14：00	8 545
03：00	8 302	15：00	9 135	03：00	8 053	15：00	8 543
04：00	7 297	16：00	8 913	04：00	7 301	16：00	8 495
05：00	6 204	17：00	9 029	05：00	7 227	17：00	8 443
06：00	6 736	18：00	8 918	06：00	7 553	18：00	8 443
07：00	6 304	19：00	8 919	07：00	8 340	19：00	8 463
08：00	6 299	20：00	8 924	08：00	8 276	20：00	8 493
09：00	6 196	21：00	8 909	09：00	9 177	21：00	8 720
10：00	7 395	22：00	8 924	10：00	8 452	22：00	8 895
11：00	8 730	23：00	8 971	11：00	8 283	23：00	8 985

2. 3. 3. 2　出水水质

对七里河安宁污水处理厂出水口 2019—2021 年在线监测、监督性监测及第三方监测数据进行统计分析，分别对照《城镇污水处理厂污染物排放标准》（GB 18918—2002）一级 B 标准及水利部黄河水利委员会（简称黄委）批复排放浓度限值进行评价。

1. 在线监测结果

对近三年（2019—2021 年）七里河安宁污水处理厂出水口在线水质监测数据进行分析，统计污水处理工程出水水质特征，结果见图 2-23～图 2-37、表 2-18。

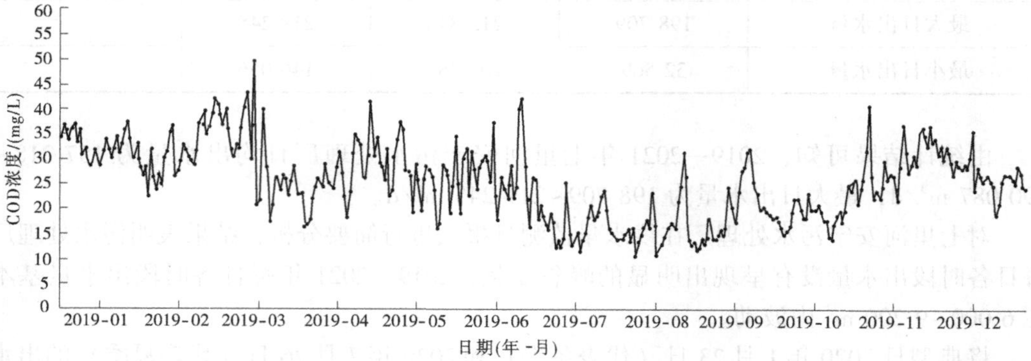

图 2-23 2019 年七里河安宁污水处理厂出水口 COD 在线水质监测数据

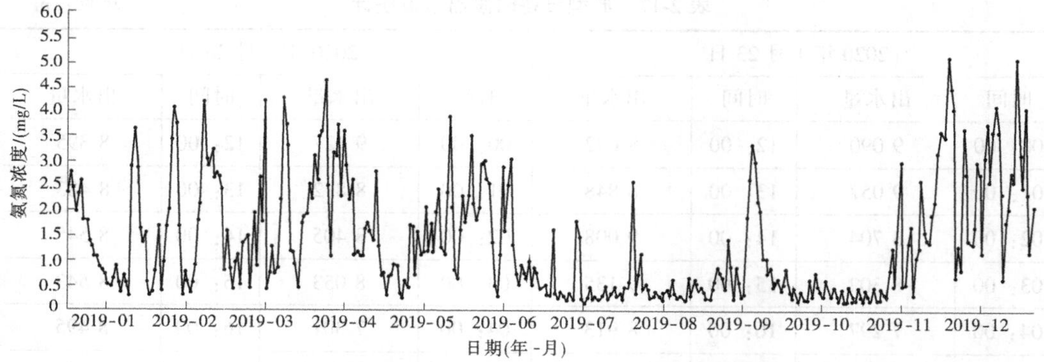

图 2-24 2019 年七里河安宁污水处理厂出水口氨氮在线水质监测数据

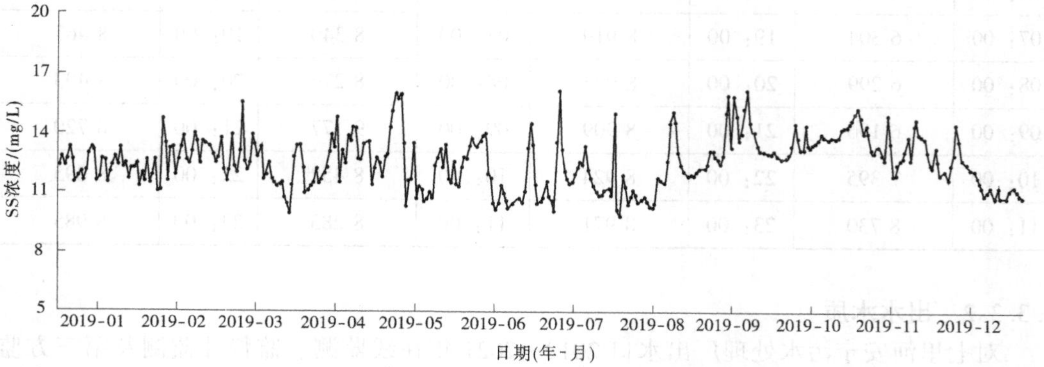

图 2-25 2019 年七里河安宁污水处理厂出水口 SS 在线水质监测数据

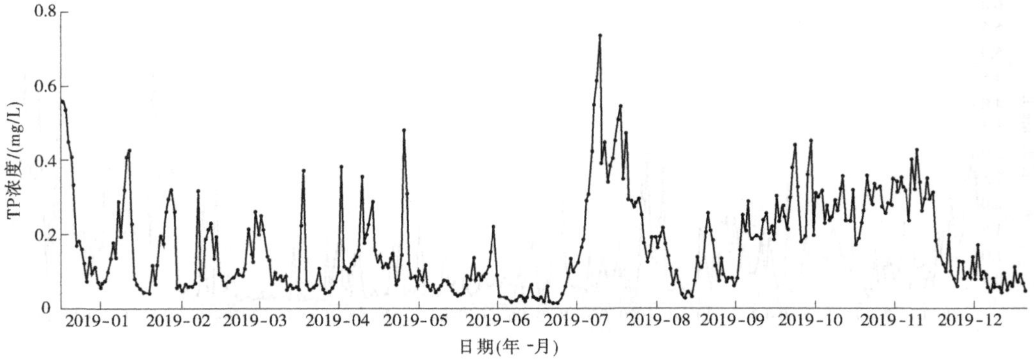

图 2-26　2019 年七里河安宁污水处理厂出水口 TP 在线水质监测数据

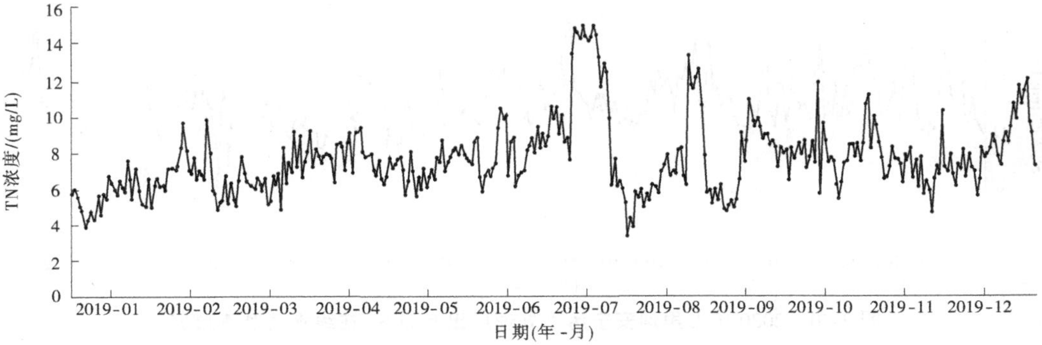

图 2-27　2019 年七里河安宁污水处理厂出水口 TN 在线水质监测数据

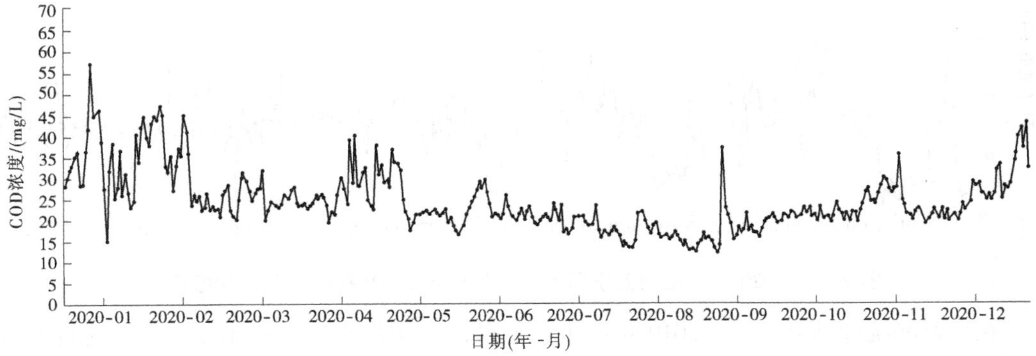

图 2-28　2020 年七里河安宁污水处理厂出水口 COD 在线水质监测数据

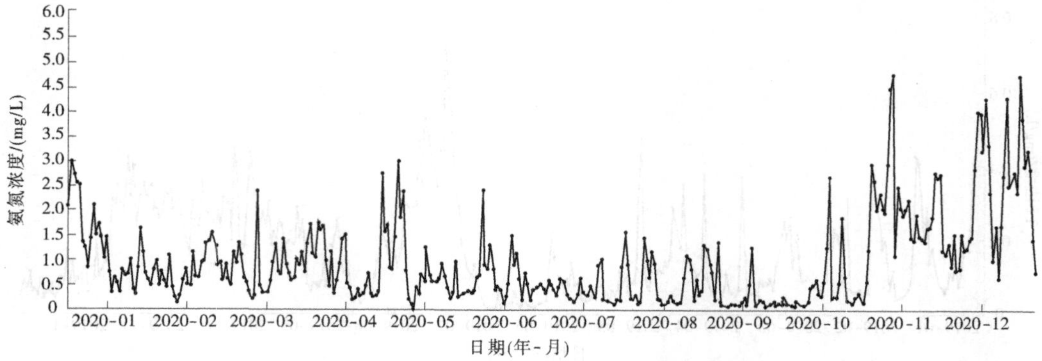

图 2-29　2020 年七里河安宁污水处理厂出水口氨氮在线水质监测数据

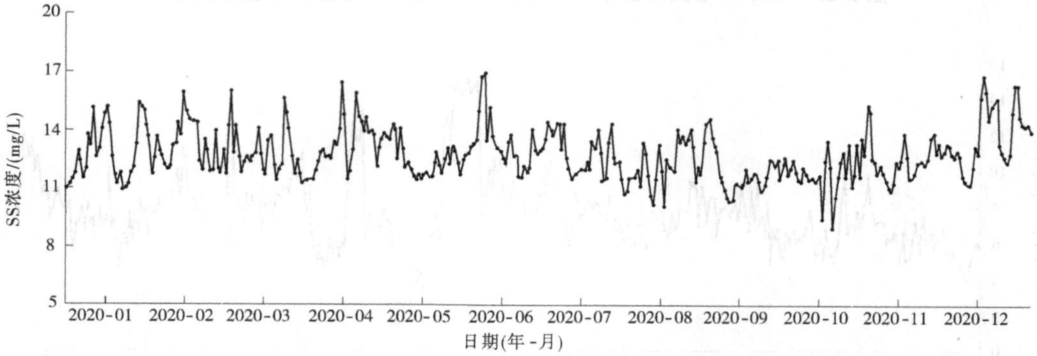

图 2-30　2020 年七里河安宁污水处理厂出水口 SS 在线水质监测数据

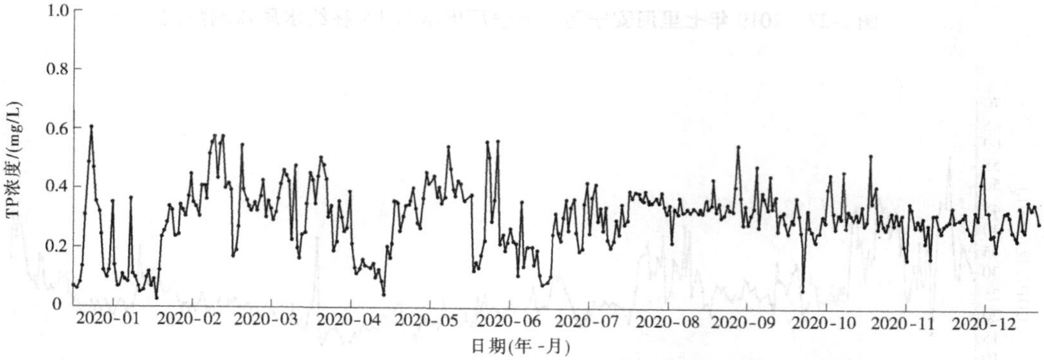

图 2-31　2020 年七里河安宁污水处理厂出水口 TP 在线水质监测数据

在线监测统计结果显示，2019 年以来，七里河安宁污水处理厂出水主要指标除悬浮物外，COD、氨氮、总磷、总氮浓度年平均值均满足《城镇污水处理厂污染物排放标准》（GB 18918—2002）一级 B 标准，且均未超黄委批复排放浓度。悬浮物出水浓度年平均值满足《城镇污水处理厂污染物排放标准》（GB 18918—2002）一级 B 标准，但超出黄委批复排放浓度。2019 年以来，七里河安宁污水处理厂出水主要指标 COD、氨氮、总磷、总氮、悬浮物浓度达一级 B 标准百分率在 98.6%以上，基本稳定达标；COD、总磷和总氮达

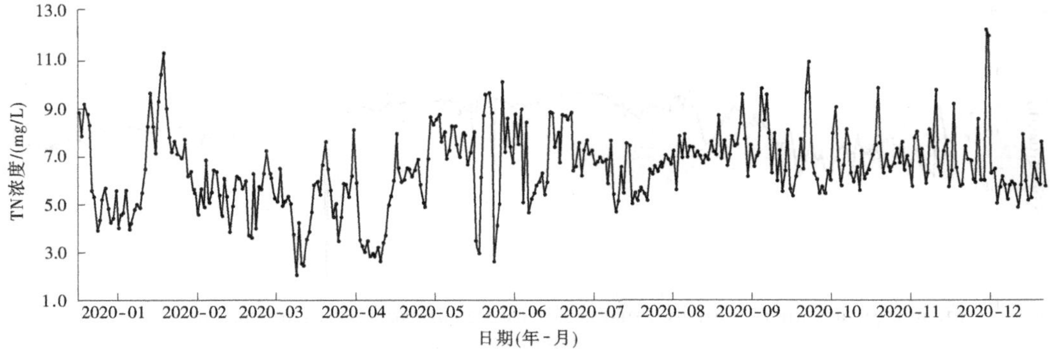

图 2-32　2020 年七里河安宁污水处理厂出水口 TN 在线水质监测数据

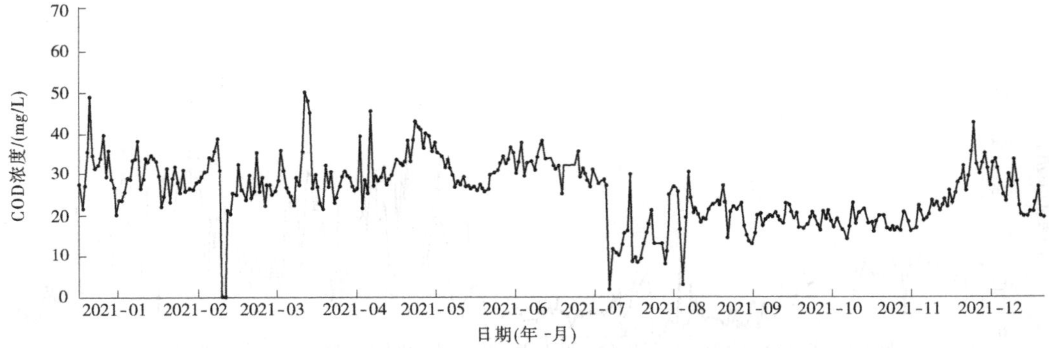

图 2-33　2021 年七里河安宁污水处理厂出水口 COD 在线水质监测数据

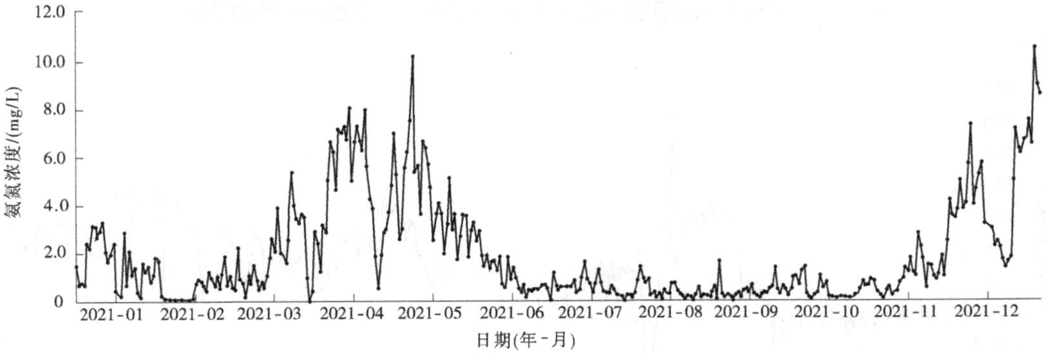

图 2-34　2021 年七里河安宁污水处理厂出水口氨氮在线水质监测数据

黄委批复标准百分率在 85%以上，氨氮和悬浮物达黄委批复标准百分率较低，2021 年氨氮达标率为 77.5%，超黄委批复标准较为明显，悬浮物达黄委批复标准百分率最低，2019—2021 年超黄委批复标准严重。

进一步对七里河安宁污水处理厂 2019—2021 年出水口氨氮指标分为夏季（非供暖期）和冬季（供暖期）分别进行统计分析，结果见表 2-19。根据统计结果，冬季出水口氨氮监测结果均值为夏季监测结果均值的 1.6~2.4 倍，明显高于夏季。2019—2021 年夏季氨

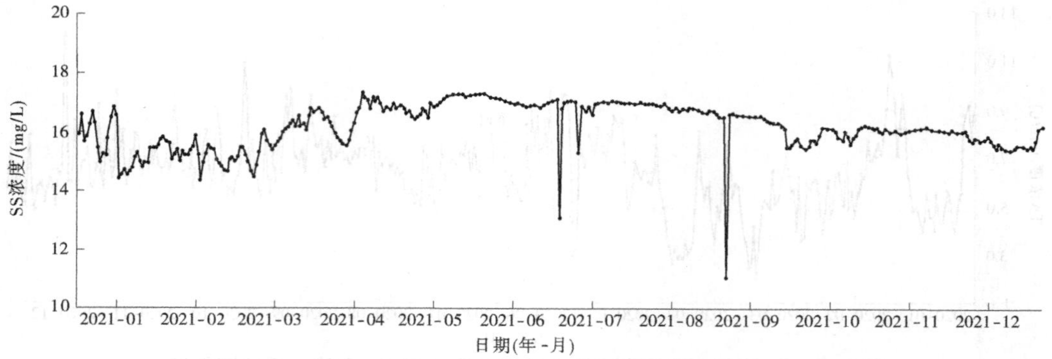

图 2-35 2021 年七里河安宁污水处理厂出水口 SS 在线水质监测数据

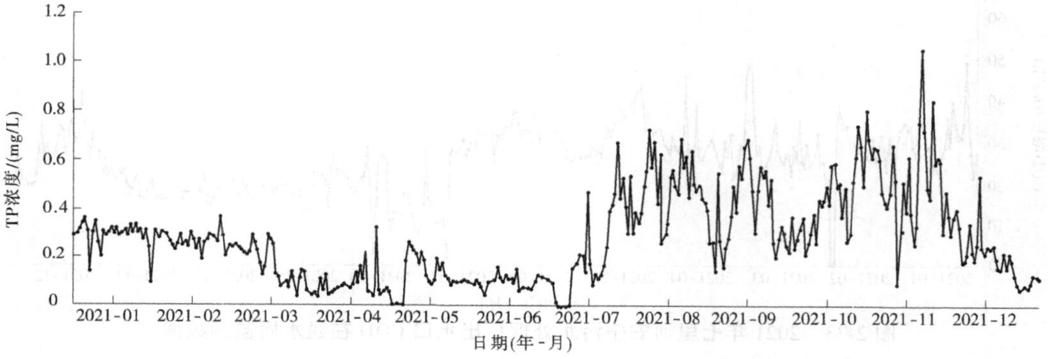

图 2-36 2021 年七里河安宁污水处理厂出水口 TP 在线水质监测数据

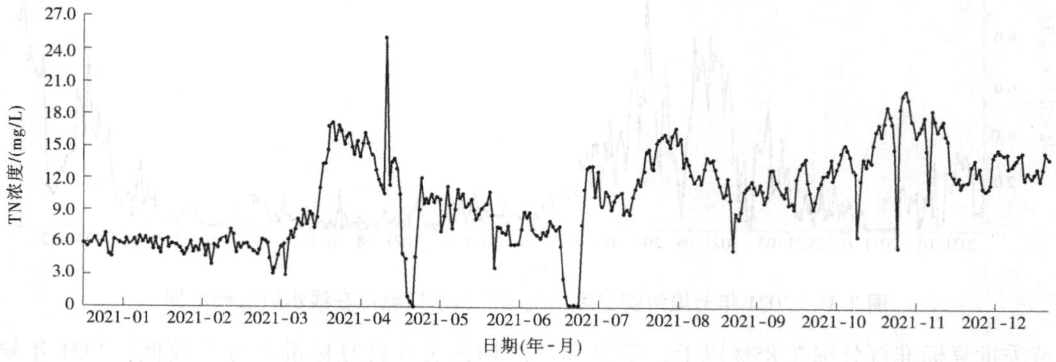

图 2-37 2021 年七里河安宁污水处理厂出水口 TN 在线水质监测数据

氮 50th 百分位值在 0.35~0.62 mg/L，90th 百分位值在 1.14~3.65 mg/L。冬季氨氮 50th 百分位值在 0.99~1.38 mg/L，90th 百分位值在 2.72~6.23 mg/L。氨氮出水口浓度季节性变化明显。

表 2-18　出水口在线水质监测结果特征值统计　单位：mg/L

年度	逐日监测结果	COD	氨氮	SS	TP	TN
2019	最大值	49.91	5.12	16.23	0.74	15.22
	最小值	10.69	0.14	9.80	0.01	3.31
	50th 百分位值	25.88	0.93	12.52	0.12	7.41
	80th 百分位值	31.69	2.46	13.61	0.28	8.84
	90th 百分位值	35.6	3.1	14.27	0.34	10.08
	平均值	25.45	1.37	12.55	0.17	7.70
	达一级 B 标准百分率/%	100	100	100	100	100
	达黄委批复标准百分率/%	90.1	88.8	0.5	98.1	99.4
2020	最大值	57.32	4.76	16.93	0.60	12.34
	最小值	12.19	0.05	8.94	0.02	2.02
	50th 百分位值	22.51	0.65	12.54	0.31	6.47
	80th 百分位值	28.55	1.46	13.75	0.37	7.70
	90th 百分位值	35.33	2.33	14.45	0.43	8.60
	平均值	24.39	0.95	12.73	0.30	6.49
	达一级 B 标准百分率/%	100	100	100	100	100
	达黄委批复标准百分率/%	90.7	96.7	0.5	96.2	100
2021	最大值	50.25	10.57	17.35	1.05	25.11
	最小值	1.89	0.04	11.04	0.01	0.05
	50th 百分位值	26.48	0.92	16.20	0.25	10.47
	80th 百分位值	32.14	3.21	16.94	0.44	13.95
	90th 百分位值	35.26	5.38	17.05	0.56	15.67
	平均值	25.90	1.88	16.21	0.27	10.27
	达一级 B 标准百分率/%	99.7	98.6	100	99.7	99.4
	达黄委批复标准百分率/%	92.9	77.5	0	86.6	86.8
长系列平均值		25.25	1.40	13.83	0.25	8.15
GB 18918—2002 一级 B 控制标准		60	8（15）	20	1.0	20
黄委批复排放浓度		35.7	3.0	10	0.5	15

表 2-19 出水口氨氮在线水质监测结果特征值统计 单位：mg/L

年度	逐日监测结果	夏季	冬季
2019	最大值	3.90	5.12
	最小值	0.14	0.15
	50th 百分位值	0.61	1.35
	80th 百分位值	1.62	2.80
	90th 百分位值	2.31	3.59
	平均值	0.96	1.66
2020	最大值	3.02	4.76
	最小值	0.05	0.07
	50th 百分位值	0.35	0.99
	80th 百分位值	0.81	1.91
	90th 百分位值	1.14	2.72
	平均值	0.52	1.26
2021	最大值	10.21	10.57
	最小值	0.09	0.04
	50th 百分位值	0.62	1.38
	80th 百分位值	1.93	3.84
	90th 百分位值	3.65	6.23
	平均值	1.39	2.24

注：夏季即非供暖期，统计 4 月 16 日至 10 月 14 日期间数据；冬季即供暖期，统计 10 月 15 日至次年 4 月 15 日期间数据。

2. 监督性监测

分别对 2019—2021 年七里河安宁污水处理厂工程出水口监督性监测数据进行分析，统计污水处理工程出水水质特征，结果见表 2-20。监督性监测数据来源于兰州市环境监测站。

2019—2021 年，七里河安宁污水处理厂出水水质按照《城镇污水处理厂污染物排放标准》（GB 18918—2002）一级 B 标准及黄委批复排放浓度限值评价。监督性监测统计结果显示，2019—2021 年七里河安宁污水处理厂工程出水水质基本做到稳定达标排放，满足《城镇污水处理厂污染物排放标准》（GB 18918—2002）一级 B 标准。除 2020 年监督性监测悬浮物超黄委批复排放浓度外，其他年份监督性监测结果均未超黄委批复排放浓度限值。

3. 第三方监测

2019—2021 年兰州森锐检测科技有限公司对七里河安宁污水处理厂出水 pH、COD、BOD_5、氨氮、总磷、总氮、阴离子表面活性剂、石油类、动植物油、六价铬、总铅、总汞、总镉、总砷、色度、总铬、悬浮物、粪大肠菌群、烷基汞等 19 个项目进行了监测。对七里河安宁污水处理厂出水口第三方监测数据进行统计分析，结果见表 2-21～表 2-23。

表 2-20 出水口监督性监测结果特征值统计

年度	特征值	pH	COD	BOD_5	石油类	动植物油	SS	氨氮	TN	TP	色度	六价铬	总铬	粪大肠菌群	LAS	总汞	镉	砷	铅	烷基汞
		无量纲	mg/L								倍	mg/L		个/L	mg/L					ng/L
2019	最大值		24					0.258												
	最小值		23					0.432												
	平均值	7.65	23.5	6.9	0.06L	0.64	7	0.345	8.34	0.16	4	0.004L	0.000 11L	<20	0.09	0.000 17	0.000 24	0.000 4	0.000 47	<DL
2020	最大值																			
	最小值																			
	平均值	7.8	11	3	0.06L	0.06	15	0.102	4.57	0.25	2	0.004L	0.000 3	<20	0.16	0.000 05	0.000 05L	0.001 1	0.024 6	<DL
2021	最大值		17					0.72												
	最小值		16					0.616												
	平均值	7.16	16.5	4.8	0.06L	0.06L	4	0.668	3.51	0.1	4	0.004L	0.001 15	<20	0.07	0.000 26	0.000 08	0.00 11	0.007 74	<DL
长系列均值		7.54	17	4.9	0.06L	0.24	8.7	0.372	5.47	0.17	3	0.004L	0.000 5	<20	0.107	0.000 16	0.000 115	0.000 87	0.010 9	<DL
GB 18918—2002 一级 B 控制标准		6~9	60	20	3	3	20	8（15）	20	1	30	0.05	0.1	10 000	1	0.001	0.01	0.1	0.1	不得检出
黄委批复排放浓度		6~9	35.7	10	1	1	10	3	15	0.5	30	0.05	0.1	1 000	0.5	0.001	0.01	0.1	0.1	不得检出

表 2-21　2019 年出水口第三方监测结果特征值统计

年度	特征值	pH	COD	BOD_5	氨氮	TP	TN	阴离子表面活性剂	石油类	动植物油类	六价铬	总铅	总汞	总砷	总镉	色度	总铬	SS	粪大肠菌群	烷基汞
		无量纲	mg/L													倍	mg/L		个/L	ng/L
2019	1月	8.99	13	2.57	0.28	0.03	3.19	0.233	0.26	0.14	0.004	0.000 368	0.000 196	0.001 32	0.000 05	1	0.001	8	<20	<DL
	2月	7.54	27	5.49	0.16	10.6	1.44	0.151	0.1	0.4	0.004	0.000 499	0.000 04L	0.001 63	0.000 05	2	0.013	6	<20	<DL
	3月	7.68	55	12.8	0.02	3.07	0.42	0.879	0.06	0.32	0.004	0.001 61	0.000 062	0.003 24	0.000 05	2	0.001 41	17	<20	<DL
	4月	7.52	40	11.2	5.07	0.44	16	0.067	0.19	0.06	0.004	0.01	0.000 04L	0.000 3	0.001	4	0.03	18	9 200	<DL
	5月	6.79	27	9.2	3.06	0.23	13.4	0.219	0.205	0.06	0.004	0.01	0.000 04L	0.001	0.001	8	0.03	18	7 000	<DL
	6月	6.84	40	11.6	3.18	0.298	14.4	0.061	0.103	0.06	0.004	0.01	0.000 08	0.000 7	0.001	4	0.03	16	4 900	<DL
	7月	7.11	30	8.9	0.21	0.217	17	0.061	0.06	0.093	0.004	0.002 5	0.000 06	0.000 5	0.001	8	0.03	18	2 300	<DL
	8月	6.85	13	3.8	0.156	0.328	14.2	0.08	0.143	0.108	0.004	0.002 5	0.000 94	0.000 6	0.005	4	0.03	13	7 900	<DL
	9月	7.45	21	8.8	1.08	0.124	19.8	0.265	0.14	0.12	0.004	0.06	0.000 28	0.001	0.007	4	0.03	18	7 000	<DL
	10月	7.21	37	12.6	0.291	0.324	19.2	0.076	0.06	0.23	0.004	0.01	0.000 33	0.000 6	0.001	8	0.03	18	7 900	<DL
	11月	7.11	11	4	0.35	0.372	18.3	0.172	0.21	0.06	0.004	0.01	0.000 12	0.000 8	0.003	4	0.03	19	7 900	<DL
	12月	7.21	23	6.3	0.372	0.354	17.2	0.224	0.16	0.06	0.004	0.01	0.000 15	0.000 6	0.001	4	0.03	15	7 000	<DL
最大值		8.99	55	12.8	5.07	10.6	19.8	0.879	0.26	0.4	0.004	0.06	0.000 94	0.003 24	0.007	8	0.03	19	9 200	<DL
最小值		6.79	11	2.57	0.02	0.03	0.42	0.061	0.06	0.06	0.004	0.000 368	<DL	0.000 3	0.000 05	1	0.001	6	<20	<DL
年均值		7.36	28.08	8.11	1.19	1.37	12.88	0.207	0.14	0.14	0.004	0.010 623	0.000 25	0.001 02	0.001 76	4.42	0.023 8	15.3	5 094	<DL
GB 18918—2002 一级 B 标准		6~9	60	20	8（15）	1	20	1	3	3	0.05	0.1	0.001	0.1	0.01	30	0.1	20	10 000	不得检出
黄委批复排放浓度		6~9	35.7	10	3	0.5	15	0.5	1	1	0.05	0.1	0.001	0.1	0.01	30	0.1	10	1 000	不得检出
达标率/%		100（100）	100（66.7）	100（66.7）	100（75.0）	83.3（83.3）	100（66.7）	100（91.7）	100（100）	100（100）	100（100）	100（100）	100（100）	100（100）	100（100）	100（100）	100（100）	100（16.7）	100（25.0）	100（100）

注：达标率统计中，括号外为按照 GB 18918—2002 一级 B 标准评价结果，括号内为按照黄委批复排放浓度限值评价结果，下同。

表 2-22　2020 年出水口第三方监测结果特征值统计

年度	特征值	pH	COD	BOD_5	氨氮	TP	TN	阴离子表面活性剂	石油类	动植物油类	六价铬	总铅	总汞	总砷	总镉	色度	总铬	SS	粪大肠菌群	烷基汞
		无量纲	mg/L													倍	mg/L		个/L	ng/L
2020	1 月	7.62	24	6.9	3.36	0.38	18.6	0.104	1.03	2.34	0.004	0.01	0.000 09	0.000 3	0.001	8	0.03	18	3 300	<DL
	2 月	—	—	—	—	—	—	—	—	—	—	—	—	—	—	—	—	—	—	—
	3 月	7.62	34	10	1.82	0.738	19.1	0.182	0.17	0.05	0.004	0.01	0.000 22	0.000 6	0.001	8	0.03	14	600	<DL
	4 月	7.2	37	17.3	4.67	0.48	6.95	0.126	0.06	0.35	0.004	0.01	0.000 23	0.000 8	0.001	4	0.03	17	20	<DL
	5 月	7.86	4	0.6	0.036	0.48	1.6	0.05L	0.06	0.07	0.004	0.01	0.000 06	0.000 3	0.001	2	0.03	13	7 000	<DL
	6 月	8.36	17	5.3	0.057	0.66	3.64	0.204	0.06	0.09	0.004	0.012	0.000 04	0.000 4	0.001	2	0.03	7	20	<DL
	7 月	8.28	8	2	0.24	0.09	4.26	0.116	0.06	0.15	0.004	0.01	0.000 24	0.000 8	0.001	4	0.03	8	20	<DL
	8 月	8.93	7	2.3	0.128	0.38	3.94	0.05L	0.24	1.23	0.004	0.01	0.000 4	0.000 8	0.001	16	0.03	14	20	<DL
	9 月	7.97	24	6.2	0.077	0.98	14.6	0.05L	0.2	0.73	0.004	0.01	0.000 04	0.000 8	0.001	8	0.03	14	20	<DL
	10 月	7.54	32	9	3.26	0.60	12	0.146	0.06	0.06	0.004	0.03	0.000 04	0.001	0.001	8	0.03	10	20	<DL
	11 月	7.24	36	9.6	3.44	0.58	10.1	0.138	0.06	0.06	0.004	0.01	0.000 04	0.001 2	0.001	8	0.03	12	20	<DL
	12 月	8.12	23	6.0	0.316	0.13	4.76	0.131	0.34	0.06	0.018	0.01	0.000 06	0.001	0.001	8	0.03	5	20	<DL
最大值		8.93	37	17.3	4.67	0.98	19.1	0.204	1.03	2.34	0.018	0.03	0.000 4	0.001 2	0.001	16	0.03	18	7 000	<DL
最小值		7.2	4	0.6	0.036	0.09	1.6	<DL	0.06	0.05	0.004	0.01	0.000 04	0.000 3	0.001	2	0.03	5	20	<DL
年均值		7.89	22.4	6.8	1.58	0.50	9.05	0.111	0.21	0.47	0.005	0.012	0.000 13	0.000 73	0.001	6.9	0.03	12	1 005	<DL
GB 18918—2002 一级 B 标准		6~9	60	20	8（15）	1	20	1	3	3	0.05	0.1	0.001	0.1	0.01	30	0.1	20	10 000	不得检出
黄委批复排放浓度		6~9	35.7	10	3	0.5	15	0.5	1	1	0.05	0.1	0.001	0.1	0.01	30	0.1	10	1 000	不得检出
达标率/%		100（100）	100（90.9）	100（90.9）	100（63.6）	100（54.5）	100（81.8）	100（100）	100（90.9）	100（81.8）	100（100）	100（100）	100（100）	100（100）	100（100）	100（100）	100（100）	100（36.4）	100（81.8）	100（100）

表 2-23 2021 年出水口第三方监测结果特征值统计

年度	特征值	pH	COD	BOD_5	氨氮	TP	TN	阴离子表面活性剂	石油类	动植物油类	六价铬	总铅	总汞	总砷	总镉	色度	总铬	SS	粪大肠菌群	烷基汞
		无量纲	mg/L													倍	mg/L		个/L	ng/L
2021	1月	8.41	16	5.7	0.268	0.16	4.5	0.05L	0.66	0.88	0.004L	0.01L	0.000 06	0.000 3L	0.001L	8	0.083	12	20L	<DL
	2月	7.83	20	6.2	0.136	0.11	2.66	0.05L	0.37	0.2	0.004L	0.01L	0.000 04L	0.000 3L	0.001L	8	0.03L	15	20L	<DL
	3月	8.15	23	7.8	0.216	0.06	3.76	0.05L	0.56	0.38	0.016	0.01L	0.000 04L	0.000 3L	0.001L	4	0.03L	14	20L	<DL
	4月	8.26	27	7.2	0.462	0.08	2.74	0.05L	0.59	0.9	0.013	0.01L	0.000 05	0.000 4	0.001L	4	0.03L	12	20L	<DL
	5月	7.5	12	3.5	0.038	0.06	2.87	0.371	0.26	0.29	0.01	0.01L	0.000 05	0.000 4	0.001L	16	0.03L	12	20L	<DL
	6月	7.5	14	4.4	0.046	0.06	3.4	0.068	0.4	0.51	0.004L	0.01L	0.000 04L	0.000 3L	0.001L	16	0.03L	10	20L	<DL
	7月	7.7	16	4.6	0.048	0.04	4.13	0.093	0.37	0.48	0.004L	0.01L	0.000 04L	0.000 3L	0.001L	16	0.03L	12	20L	<DL
	8月	7.6	17	3.6	0.048	0.04	4.45	0.107	0.39	0.41	0.004L	0.01L	0.000 04L	0.000 3L	0.001L	16	0.03L	8	20L	<DL
	9月	8.5	30	8.9	1.87	0.52	4.33	0.196	0.44	0.51	0.004L	0.01L	0.000 04	0.000 4	0.001L	5	0.03L	12	20L	<DL
	10月	7.3	39	10.9	1.41	0.47	4.83	0.258	0.31	0.6	0.004L	0.01L	0.000 09	0.000 4	0.001L	5	0.03L	12	20L	<DL
	11月	7.9	42	11.2	0.354	0.43	4.55	0.168	1.08	0.2	0.005	0.01L	0.000 04L	0.000 3L	0.001L	10	0.03L	14	20L	<DL
	12月	7.5	36	10.4	0.31	0.45	4.72	0.05L	0.44	0.78	0.004L	0.01L	0.000 04L	0.000 3L	0.001L	4	0.03L	16	20L	<DL
最大值		8.5	42	11.2	1.87	0.52	4.83	0.371	1.08	0.9	0.016	0.01L	0.000 09	0.000 4	0.001L	16	0.03L	16	20L	<DL
最小值		7.3	12	3.5	0.038	0.04	2.66	0.05L	0.26	0.2	0.004L	0.01L	0.000 04L	0.000 3L	0.001L	4	0.03L	8	20L	<DL
年均值		7.85	24.33	7.03	0.43	0.21	3.91	0.12	0.49	0.51	0.005	0.01L	0.000 036	0.000 23	0.001L	9.33	0.03L	12.42	20L	<DL
GB 18918—2002 一级 B 标准		6~9	60	20	8（15）	1	20	1	3	3	0.05	0.1	0.001	0.1	0.01	30	0.1	20	10 000	不得检出
黄委批复排放浓度		6~9	35.7	10	3	0.5	15	0.5	1	1	0.05	0.1	0.001	0.1	0.01	30	0.1	10	1 000	不得检出
达标率/%		100（100）	100（75.0）	100（75.0）	100（100）	83.3（91.7）	100（100）	100（100）	100（91.7）	100（100）	100（100）	100（100）	100（100）	100（100）	100（100）	100（100）	100（100）	100（16.7）	100（100）	100（100）

第三方监测统计结果显示，除 2019 年总磷年均值不满足标准外，其他指标均值均满足《城镇污水处理厂污染物排放标准》（GB 18918 —2002）一级 B 标准。2019—2021 年，七里河安宁污水处理厂出水口 COD、氨氮均有不同程度的超黄委批复浓度限值，COD 在 2019 年有 4 个月超标，2020 年有 1 个月超标，在 2021 年有 3 个月超标；氨氮在 2019 年有 3 个月超标，2020 年有 3 个月超标。

2.3.3.3　改扩建工程投运后出水情况分析

对七里河安宁污水处理厂一期工程 2022 年 1—6 月出水在线监测数据及改扩建工程 2022 年 4—6 月出水自测数据进行统计分析，结果见表 2-24。

表 2-24　出水口水质监测结果特征值统计　单位：mg/L

统计指标	一期工程					改扩建工程				
	COD	氨氮	SS	TN	TP	COD	氨氮	SS	TN	TP
最大值	83.83	14.08	16.79	18.31	0.77	38	2.24	5.2	14.6	0.497
最小值	17.97	0.09	15.58	3.47	0.04	6.06	0.138	0.2	1.25	0.135
50th 百分位值	29.60	1.45	16.28	11.18	0.22	17.2	0.304	1.2	7	0.386
80th 百分位值	33.17	3.76	16.49	13.40	0.32	23	0.414	2.8	10.1	0.441
90th 百分位值	35.84	5.36	16.57	14.88	0.39	27	0.635	4	11.8	0.463
95th 百分位值	37.27	6.67	16.61	15.87	0.51	33.1	1.24	4.6	13.8	0.483
平均值	30.28	2.30	16.31	11.23	0.25	18.52	0.39	1.78	7.70	0.35
标准限值	60	8（15）	20	20	1	50	5（8）	10	15	0.5
黄委批复排放浓度	35.7	3	10	15	0.5	35.7	3	10	15	0.5

注： 一期工程排放标准限值为《城镇污水处理厂污染物排放标准》（GB 18918—2002）一级 B 标准；改扩建工程排放标准限值为《城镇污水处理厂污染物排放标准》（GB 18918—2002）一级 A 标准。

在线监测统计结果显示，七里河安宁污水处理厂一期工程出水主要指标 COD、氨氮、悬浮物、总磷、总氮浓度平均值分别为 30.28 mg/L、2.30 mg/L、16.31 mg/L、0.25 mg/L、11.23 mg/L，满足《城镇污水处理厂污染物排放标准》（GB 18918—2002）一级 B 标准；改扩建工程出水主要指标 COD、氨氮、悬浮物、总磷、总氮浓度平均值分别为 18.52 mg/L、0.39 mg/L、1.78 mg/L、0.35 mg/L、7.70 mg/L，满足《城镇污水处理厂污染物排放标准》（GB 18918—2002）一级 A 标准。改扩建工程出水主要指标 COD、氨氮、悬浮物、总磷、总氮浓度较一期工程均明显降低，出水水质变好。

七里河安宁污水处理厂一期工程出水主要指标平均值总磷和总氮满足黄委批复要求，COD 90th 百分位值超黄委批复要求 0.4%，氨氮 80th 百分位值超黄委批复要求 25.3%；改扩建工程出水主要指标平均值满足黄委批复要求。

2.3.3.4　工程减排效果分析

对七里河安宁污水处理厂一期工程 2019—2021 年主要污染物 COD、氨氮、BOD_5、

SS、总氮和总磷的减排量进行统计。污水处理量按照 2019—2021 年实际处理量进行核算。进、出水水质采用 2019—2021 年在线监测数据。主要污染物减排量核算所依据的水质、水量统计值分别见表 2-25、表 2-26。2019—2021 年，七里河安宁污水处理厂工程主要污染物减排量统计结果见表 2-27。

表 2-25　污水处理厂进、出水主要污染物浓度统计　　单位：mg/L

年度	位置	COD	氨氮	SS
2019	污水处理厂进水口	579	41.3	559
	污水处理厂出水口	25.45	1.37	12.55
2020	污水处理厂进水口	703	38.5	712
	污水处理厂出水口	24.39	0.95	12.73
2021	污水处理厂进水口	761	46.4	1 077
	污水处理厂出水口	25.9	1.88	16.21
一期设计指标	污水处理厂进水口（≤）	1 000	45	1 000
	污水处理厂出水口（≤）	60	8（15）	20

表 2-26　污水处理量统计　　单位：m^3/a

2019—2021 年实际处理总量			一期设计处理规模
2019	2020	2021	
56 890 310	77 036 081	76 536 750	73 000 000

表 2-27　主要污染物减排量统计结果　　单位：t/a

年度	COD	氨氮	SS
2019	31 491.63	2 271.63	31 087.71
2020	52 277.45	2 892.70	53 869.02
2021	56 262.16	3 407.42	81 189.42
平均值	46 677.08	2 857.25	55 382.05
一期设计指标	68 620.00	2 701.00	71 540.00

由表 2-27 可知，2019—2021 年七里河安宁污水处理厂工程平均每年可减排 COD、氨氮、SS 分别为 46 677.08 t、2 857.25 t、55 382.05 t。

2.4　中水回用情况

2019—2021 年，七里河安宁污水处理厂中水回用量统计结果见表 2-28。中水回用量占当年出水量百分比为 0.79%～1.01%，回用水主要用于设备反冲洗、绿化、冷却及施工，回用量在1%左右。

表 2-28　七里河安宁污水处理厂中水回用量特征值统计　单位：m^3

统计指标		2019 年		2020 年		2021 年	
		特征值	出现时间	特征值	出现时间	特征值	出现时间
月回用量	最大值	68 200	3 月、5 月	199 357	12 月	47 532	3 月、5 月、7 月、8 月、10 月
	最小值	29 250	11 月	28 290	2 月	27 330	2 月
月均值		48 342		46 076		44 644	
年回用总量		580 100		552 907		535 722	
年出水量		57 384 400		69 572 000		65 989 447	
占当年出水量百分比		1. 01%		0. 79%		0. 81%	

根据七里河安宁污水处理厂改扩建工程初设，改扩建工程地面以上结合兰州特色的黄河风情线景观，拟打造以水为主题的公园，七里河安宁污水处理厂处理达标的水部分将回用于地面主题公园景观用水，回用量最大日约为 1. 2 万 m^3/d，约占设计处理规模的 4%。

2. 5　污水外排及入河排污口设置情况

2. 5. 1　污水外排情况调查

2. 5. 1. 1　外排水量

1. 污水年排放总量

考虑到每年的中水回用量较小，仅占当年出水量的 0. 79%~1. 01%，因此以工程出水量作为外排量。对 2019—2021 年七里河安宁污水处理厂工程逐日出水量系列数据进行汇总统计，得出七里河安宁污水处理厂污水 2019—2021 年排放总量分别为 5 738. 44 万 m^3、6 957. 2 万 m^3 和 6 598. 94 万 m^3，三年平均排放总量为 6 431. 53 万 m^3，见表 2-29。

表 2-29　七里河安宁污水处理厂污水外排量统计

年度	2019	2020	2021	三年平均
年排放总量/(万 m^3/a)	5 738. 44	6 957. 2	6 598. 94	6 431. 53
日均排放量/(万 m^3/d)	15. 72	19. 01	18. 08	17. 60

2. 逐日排污水量分析

对七里河安宁污水处理厂 2019 年 1 月至 2021 年 12 月逐日排放水量系列资料进行统计分析，其逐日排放量和日均排放量特征值见表 2-30。

表 2-30　七里河安宁污水处理厂逐日污水排放量特征值统计　　单位：m^3/d

统计指标		2019 年		2020 年		2021 年	
		特征值	出现时间	特征值	出现时间	特征值	出现时间
逐日排放量	最大值	198 709	12 月 14 日	212 848	12 月 19 日	219 245	3 月 10 日
	最小值	32 569	7 月 29 日	103 287	10 月 15 日	146 056	2 月 15 日
日均排放量	最大值	185 653	12 月	201 994	8 月	197 473	1 月
	最小值	124 083	2 月	166 588	2 月	163 313	12 月

由统计结果可知，七里河安宁污水处理厂为连续排放，2019 年 1 月至 2021 年 12 月日排放量最大值为 198 709～219 245 m^3/d，出现在 12 月和 3 月；而日均排放量最大值为 185 653～201 994 m^3/d，出现在 12 月、8 月和 1 月。出水口排水量相对稳定，没有明显的季节变化特征。

2.5.1.2　外排污水水质

七里河安宁污水处理厂外排污水即污水处理工程出水，其外排水质情况见 2.3.3.2。

2.5.1.3　主要污染物排放总量

对 2019—2021 年七里河安宁污水处理厂主要污染物 COD、氨氮、SS、总磷及总氮的排放总量进行分析。

主要污染物排放浓度分别采用 2019—2021 年在线监测数据均值和改扩建工程设计出水水质《城镇污水处理厂污染物排放标准》（GB 18918—2002）一级 A 标准进行核算。

排放水量分别按照 2019—2021 年实际外排水量和污水处理厂改扩建工程设计规模（30 万 m^3/d）进行统计。

七里河安宁污水处理厂主要污染物排放浓度、污水排放量统计值分别见表 2-31、表 2-32。

表 2-31　主要污染物排放浓度统计　　单位：mg/L

年度	COD	氨氮	SS	TP	TN
2019	25. 45	1. 37	12. 55	0. 17	7. 7
2020	24. 39	0. 95	12. 73	0. 3	6. 49
2021	25. 9	1. 88	16. 21	0. 27	10. 27
2019—2021 年均值	25. 25	1. 4	13. 83	0. 25	8. 15
改扩建工程排放标准限值	50	5（8）	10	0. 5	15

注：改扩建工程排放标准限值为《城镇污水处理厂污染物排放标准》（GB 18918—2002）一级 A 标准。

表 2-32　污水排放量统计

年度	年排放总量/(万 m^3/a)	日均排放量/(m^3/d)
2019	5 738.44	157 218
2020	6 957.2	190 087
2021	6 598.94	180 793
2019—2021 年均值	6 431.53	176 032.7
改扩建工程设计规模	10 950	300 000

七里河安宁污水处理厂主要污染物排放总量结果统计见表 2-33。

表 2-33　主要污染物排放总量结果统计

主要污染物		COD	氨氮	SS	TP	TN
年排放总量/(t/a)	2019 年	1 460.43	78.62	720.17	9.76	441.86
	2020 年	1 696.86	66.09	885.65	20.87	451.52
	2021 年	1 709.13	124.06	1 069.69	17.82	677.71
	2019—2021 年均值	1 623.96	90.04	889.48	16.08	524.17
	改扩建工程设计规模	5 475.00	547.50	1 095.00	54.75	1 642.50
日均排放总量/(kg/d)	2019 年	4 001.20	215.39	1 973.09	26.73	1 210.58
	2020 年	4 636.22	180.58	2 419.81	57.03	1 233.66
	2021 年	4 682.54	339.89	2 930.65	48.81	1 856.74
	2019—2021 年均值	4 444.83	246.45	2 434.53	44.01	1 434.67
	改扩建工程设计规模	15 000.00	1 500.00	3 000.00	150.00	4 500.00

由表 2-33 统计结果可知，七里河安宁污水处理厂 2019—2021 年主要污染物 COD、氨氮、SS、总磷和总氮的平均排放总量分别为 1 623.96 t/a、90.04 t/a、889.48 t/a、16.08 t/a 和 524.17 t/a。

按污水处理厂改扩建工程设计出水水质控制指标及设计规模统计，七里河安宁污水处理厂主要污染物 COD、氨氮、SS、总磷和总氮的排放总量分别为 5 475.00 t/a、547.50 t/a、1 095.00 t/a、54.75 t/a 和 1 642.50 t/a。

2.5.1.4　排污许可情况

按照当地生态环境部门的要求，改扩建前七里河安宁污水处理厂水污染物排放浓度执行《城镇污水处理厂污染物排放标准》（GB 18918—2002）一级 B 标准。污染物许可排放总量则不超过污染物控制浓度乘以当年污水处理量。目前，七里河安宁污水处理厂的排污许可证由兰州市生态环境局核发，排放标准由《城镇污水处理厂污染物排放标准》（GB 18918—2002）一级 B 标准提升至一级 A 标准，有效期从 2022 年 1 月 14 日至

2027年1月13日。主要污染物排放总量控制指标见表2-34。

表2-34 主要污染物排放总量控制指标

指标	许可排放浓度限值/(mg/L)	许可年排放量限值/(t/a)
COD	50	5 475
氨氮	5	547.5

按照七里河安宁污水处理厂实际处理水量统计，2021年七里河安宁污水处理厂主要污染物排放总量为COD 1 709.13 t、氨氮124.06 t，COD、氨氮年排放总量均控制在当地生态环境部门批准的总量控制指标之内。

2.5.2 入河排污口设置状况

2.5.2.1 入河排污口设置基本情况

七里河安宁污水处理厂一期工程外排污水流经厂区内长约420 m的接触消毒池（明渠）后通过一段管道排入自北向南流经厂区的深沟（排洪沟），在深沟内流经约200 m后，最终通过深沟连续排入黄河（左岸）。深沟入黄口位于兰州市安宁区，地理坐标为N36°05′07.47″，E103°44′31.00″，高程1 529 m。所在水功能区为黄河兰州工业景观用水区。排污口性质为以生活为主的混合型排污口。2016年12月，黄委对兰州市七里河安宁污水处理厂入河排污口设置予以批复。明确了入河排污口设置位置、污水排放量、污染物排放浓度及主要污染物排放总量控制要求等事项。

七里河安宁污水处理厂改扩建工程入深沟排污口在一期工程入深沟排污口对岸（深沟左岸），通过深沟入黄口位置不变。入河排污口设置示意图见图2-38，入河排污口实景见图2-39～图2-41。

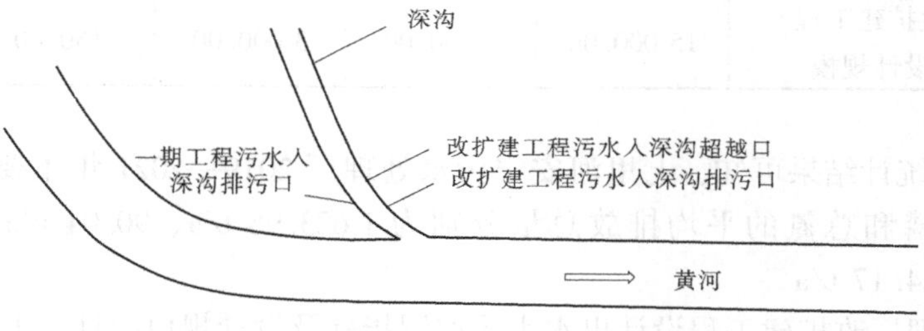

图2-38 七里河安宁污水处理厂入河排污口设置示意图

七里河安宁污水处理厂一期工程入河排污口口门处有规范的标志牌（见图2-42），改扩建工程须按照生态环境部《入河排污口监督管理技术指南规范化建设》等有关要求开展规范化建设。

2.5.2.2 废污水所含主要污染物种类及其排放浓度、总量

为确保论证安全，忽略从厂区外排口至污水入黄口区间的水量损失和污染物降解，以七里河安宁污水处理厂外排口的水质、水量代表其入黄的水质、水量。入河排污口的主要污染物种类及排放浓度与总量按2.5.1节“污水外排情况调查”中的统计结果计。

图 2-39　一期工程污水入深沟排污口实景（深沟右岸）

图 2-40　改扩建工程污水入深沟排污口实景（深沟左岸）

2021 年，七里河安宁污水处理厂一期工程通过深沟实际排入黄河的污水量及主要污染物 COD、氨氮、SS、总磷、总氮总量分别为 6 598.94 万 m^3、1 709.13 t、124.06 t、1 069.69 t、17.82 t、677.71 t。主要污染物排放浓度及总量均未超当地生态环境部门排污许可证批准要求。

图 2-41 深沟入黄口实景

图 2-42 排污口标志牌

第 3 章　纳污水域概况

黄河兰州段全长 152 km，其中流经市区 48 km。黄河兰州段位于兰州带状盆地，呈东西走向，横穿兰州市城区，河道两岸为黄河强烈或中等切割的中低山丘陵，该河段河槽宽窄相间，河宽变化较大且多边滩或江心洲，河床基本上由砂卵石组成，该河段水流输沙能力强，其河床形态、输沙条件具有山区冲积河流的属性。根据多年统计结果，黄河兰州站最低月平均流量 384.6 m^3/s，最高月平均流量 1 250 m^3/s，目前黄河兰州段生态流量要求为 350 m^3/s。

3.1　水功能区划情况

根据《全国重要江河湖泊水功能区划（2011—2030 年）》及《甘肃省地表水功能区划（2012—2030 年）》，西固污水处理厂现有入河排污口位于黄河流域水功能区划一级功能区——黄河甘肃开发利用区，所处二级水功能区为黄河兰州工业景观用水区，下游紧邻的二级水功能区为黄河兰州排污控制区，论证范围内水功能区基本情况见表 3-1。

表 3-1　论证范围内水功能区基本情况

二级水功能区名称	所在一级水功能区名称	范围		长度/km
		起始断面	终止断面	
黄河兰州饮用工业用水区	黄河甘肃开发利用区	八盘峡大坝	西柳沟	23.1
黄河兰州工业景观用水区	黄河甘肃开发利用区	西柳沟	青白石	35.5
黄河兰州排污控制区	黄河甘肃开发利用区	青白石	包兰桥	5.8
黄河兰州过渡区	黄河甘肃开发利用区	包兰桥	什川桥	23.6
黄河皋兰农业用水区	黄河甘肃开发利用区	什川桥	大峡大坝	27.1

3.2　控制单元情况

根据《甘肃省重点流域水生态环境保护规划（2021—2025 年）（征求意见稿）》，黄河（甘肃段）控制单元新城桥至青城桥范围内共设置 6 个水质考核断面，其中新城桥、什川桥、青城桥为国控断面，考核目标均为Ⅱ类。七里河桥、中山桥、包兰桥为省控断面，七里河桥考核目标为Ⅲ类，中山桥和包兰桥考核目标为Ⅱ类。甘肃省国控（省控）断面基本情况见表 3-2。

表 3-2 甘肃省国控（省控）断面基本情况

水功能区名称	汇水范围名称	国控断面名称	国控断面水质目标	省控断面名称	省控断面水质目标	责任区域
黄河兰州饮用工业用水区	黄河新城桥断面汇水范围	新城桥	Ⅱ	—	—	兰州市永登县
黄河兰州工业景观用水区	黄河什川桥断面汇水范围	什川桥	Ⅱ	七里河桥	Ⅲ	兰州市西固区、安宁区
				中山桥	Ⅱ	兰州市安宁区、七里河区、皋兰县
黄河兰州排污控制区				包兰桥	Ⅱ	兰州市城关区、高新区、皋兰县
黄河兰州过渡区				—	—	—
黄河皋兰农业用水区	黄河青城桥断面汇水范围	青城桥	Ⅱ	—	—	兰州皋兰县、榆中县

3.3 水功能区取水情况

根据取水许可登记资料，在黄河兰州饮用工业用水区至黄河白银饮用工业用水区范围内，年取水量大于 300 万 m^3 的取水口有 12 个，见表 3-3。取水主要用于城市生活和农业灌溉。

表 3-3 论证范围内黄河取水口统计

序号	取水口名称	所在水功能区	所在县（区）	取水地点	许可水量/万 m^3	取水用途
1	兰州新西部维尼纶公司	黄河兰州饮用工业用水区	西固区	河口镇	705	工业
2	斗槽取水工程	黄河兰州饮用工业用水区	西固区	黄河西固区西柳沟	27 700	城市生活、工业
3	西固区工农渠电灌站	黄河兰州饮用工业用水区	西固区	黄河西固西柳沟河段	320	农业灌溉
4	兰州市中川上水绿化管理处	黄河兰州工业景观用水区	安宁区	南坡平西河北	520	农业灌溉

续表 3-3

序号	取水口名称	所在水功能区	所在县（区）	取水地点	许可水量/万 m^3	取水用途
5	彭家坪电灌管理处	黄河兰州工业景观用水区	七里河区	南滨河路黄河楼西侧	498	农业灌溉
6	西津电灌处	黄河兰州工业景观用水区	七里河区	吴家园西津茶楼	480	农业灌溉
7	沈家岭电灌处	黄河兰州工业景观用水区	七里河区	小西湖水车园西侧	495	农业灌溉、人饮
8	兰州市大砂沟电灌管理处	黄河兰州工业景观用水区	城关区	赵家庄	1 910	城市生活、农业灌溉
9	三角城电力提灌工程水利管理处	黄河兰州过渡区	榆中县	来紫堡乡西枰村	5 286. 44	农业灌溉
10	酒钢集团榆中公司	黄河兰州过渡区	榆中县	来紫堡乡西枰村	877. 4	工业
11	七岘口电灌站	黄河兰州过渡区	榆中县	来紫堡乡七岘口	300	农业灌溉
12	西岔电灌工程水利管理局	黄河皋兰农业用水区	皋兰县	什川镇河口村	7 600	农业灌溉

3. 4 水功能区纳污状况

3. 4. 1 主要排污口污染物入河量

3. 4. 1. 1 入河排污口概况

根据兰州市生态环境局 2021 年 6 月组织开展的黄河流域入河排污口溯源及监测工作调查成果，论证范围内黄河干流主要工业及城镇生活入河排污口主要有 10 个，分布情况见图 3-1，其基本信息见表 3-4。

兰州城区 4 个城镇污水处理厂的废污水排放量占论证范围内废污水排放总量的 88. 4%，七里河安宁污水处理厂废污水排放量占比最大，为 34. 4%。

3. 4. 1. 2 污水水质

根据兰州市生态环境局 2021 年黄河流域入河排污口溯源及监测工作调查成果，结合黄委对兰州石化市政油污干管小金沟排污口以及兰州石化四季青缓冲池寺儿沟排污口设置批复情况，对论证范围内主要 10 个入河排污口的污水排放量及主要污染物浓度进行统计，结果见表 3-5。

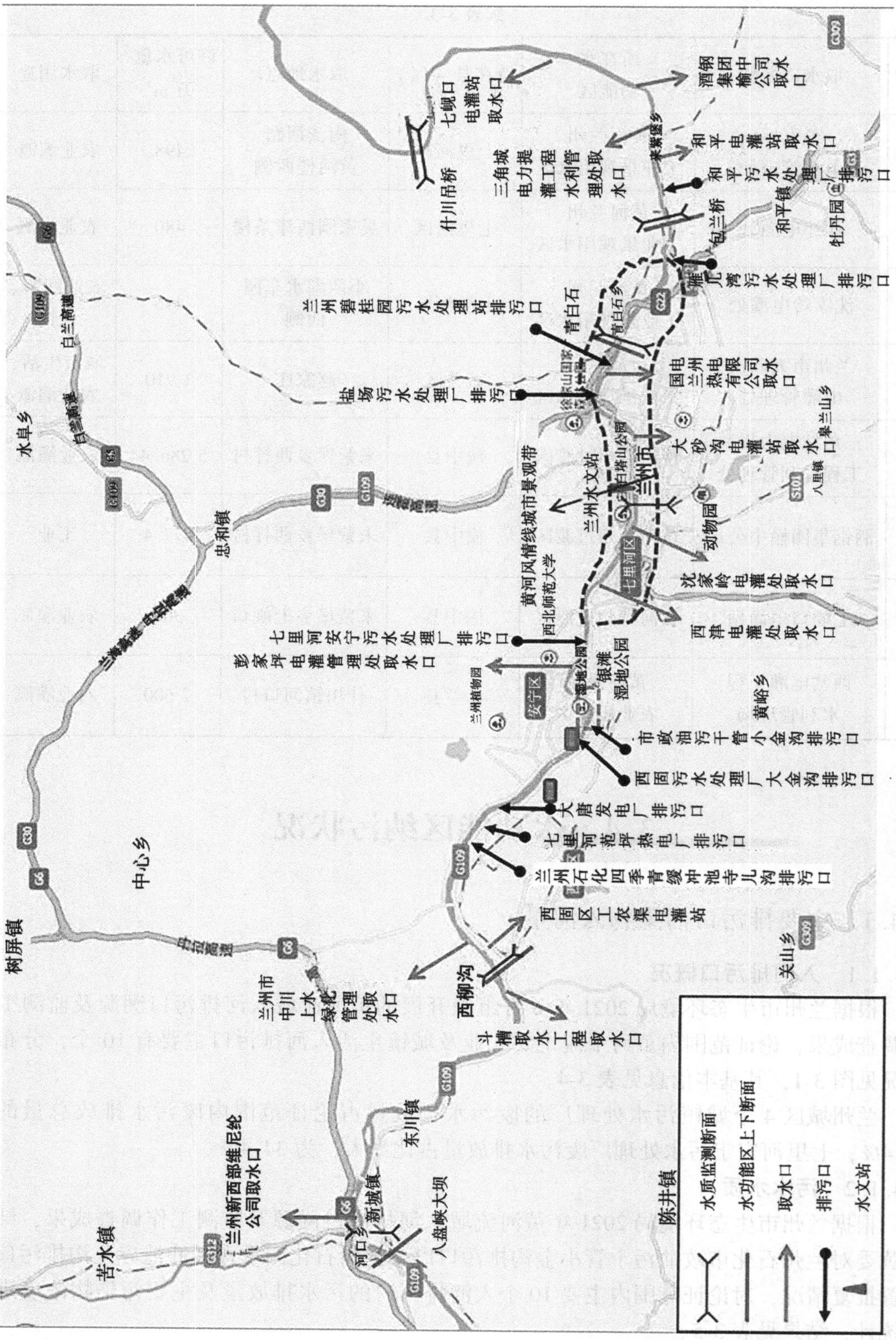

图 3-1 论证范围内黄河干流主要工业及城镇生活入河排污口

表 3-4　论证范围内黄河主要入河排污口统计

序号	入河排污口名称	设置单位名称	所在二级水功能区名称	地理位置		入河方式	排放方式	排污口性质	废污水排放量/(万 m^3/a)	排污口废污水排放量占论证范围内废污水排放总量比例/%
				经度	纬度					
1	兰州石化四季青缓冲池寺儿沟排污口	中国石油兰州石化分公司	黄河兰州工业景观用水区	103°38′7.475″	36°07′58.28″	管道	连续	工业	415	2.0
2	七里河范坪热电厂排污口	兰州七里河范坪热电有限责任公司	黄河兰州工业景观用水区	103°37′11.8″	36°07′52.1″	暗管	连续	工业	100.04	0.5
3	大唐发电厂排污口	大唐甘肃发电有限公司	黄河兰州工业景观用水区	103°37′53.2″	36°07′39.9″	暗管	连续	工业	272.44	1.3
4	西固污水处理厂大金沟排污口	兰州建投环保节能有限公司	黄河兰州工业景观用水区	103°42′3.56″	36°04′56″	明渠	连续	市政生活	3 650	17.2
5	市政油污干管小金沟排污口	中国石油兰州石化分公司	黄河兰州工业景观用水区	103°42′25.4″	36°04′51.0″	暗管	连续	工业	1 229	5.8
6	七里河安宁污水处理厂排污口	兰州兴蓉投资发展有限责任公司	黄河兰州工业景观用水区	103°44′29.3″	36°05′14.2″	暗管	连续	市政生活	7 300	34.4
7	盐场污水处理厂排污口	兰州中铁水务有限公司	黄河兰州工业景观用水区	103°51′28.0″	36°04′41.2″	明渠	连续	市政生活	1 460	6.9
8	兰州碧桂园污水处理站排污口	兰州碧桂园房地产开发有限公司	黄河兰州工业景观用水区	103°53′39″	36°04′23″	管道	连续	生活	96.8	0.4
9	雁儿湾污水处理厂排污口	兰州中投水务有限公司	黄河兰州排污控制区	103°56′16.4″	36°03′11.2″	明渠	连续	生活为主混合	6 340	29.9
10	和平污水处理厂排污口	榆中中铁环保水务有限公司	黄河兰州过渡区	103°57′27.5″	36°01′29.3″	管道	连续	生活为主混合	346.75	1.6

表 3-5　入河排污口主要污染物浓度统计

二级水功能区名称	入河排污口名称	污水入河平均流量/(m^3/s)	主要污染物浓度/(mg/L)	
			COD	氨氮
黄河兰州工业景观用水区	兰州石化四季青缓冲池寺儿沟排污口	0.132	60	5
	七里河范坪热电厂排污口	0.032	100	15
	大唐发电厂排污口	0.086	100	15
	西固污水处理厂大金沟排污口	0.878	24.2	1.2
	市政油污干管小金沟排污口	0.390	60	5
	七里河安宁污水处理厂排污口	2.037	25.3	1.4
	盐场污水处理厂排污口	0.521	23.3	3.0
	兰州碧桂园污水处理站排污口	0.093	50	5
黄河兰州排污控制区	雁儿湾污水处理厂排污口	2.656	22.5	0.9
黄河兰州过渡区	和平污水处理厂排污口	0.110	21.5	0.44
《石油化学工业污染物排放标准》(GB 31571—2015)			60	8
《城镇污水处理厂污染物排放标准》(GB 18918—2002) 一级 A 标准			50	5
《污水综合排放标准》(GB 8978—1996) 一级标准			100	15

3.4.1.3　污染物入河量

根据排污水质、水量数据进行统计，论证范围内主要 10 个入河排污口的污水入河量为 21 210.03 万 m^3/a，主要污染物 COD、氨氮的入河量分别为 6 046.2 t/a、392.29 t/a。各排污口污水及主要污染物入河量统计见表 3-6。

从表 3-6 可以看出，兰州城区 4 个城镇污水处理厂（西固污水处厂、七里河安污水处理厂、雁儿湾污水处理厂、盐场污水处理厂）主要污染物 COD 和氨氮的入河量分别为 4 564.4 t/a 和 247.9 t/a，其占论证范围内主要污染物入河总量的 75.5% 和 63.2%；其中雁儿湾污水处理厂 COD 入河量 1 884.3 t/a，占论证范围内主要污染物入河总量的 31.2%；七里河安宁污水处理厂 COD 入河量 1 627.2 t/a，占论证范围内主要污染物入河总量的 26.9%；七里河安宁污水处理厂氨氮入河量 90.0 t/a，占论证范围内主要污染物入河总量的 22.9%。

3.4.2　主要支流污染物输送量

3.4.2.1　主要支流概况

论证涉及范围内的主要支流有 3 条，分别是位于黄河兰州饮用工业水区的庄浪河、黄河兰州过渡区的宛川河和黄河皋兰农业用水区的蔡家河。

表 3-6　排污口污水及主要污染物入河量统计

水功能区名称	排污口名称	废污水入河量/（万 m^3/a）	主要污染物入河量					
			COD/（t/a）	COD 所占比例/%	氨氮/（t/a）	氨氮所占比例/%	COD/（kg/d）	氨氮/（kg/d）
黄河兰州工业景观用水区	兰州石化四季青缓冲池寺儿沟排污口	415	249	4. 1	20. 75	5. 3	682. 2	56. 8
	七里河范坪热电厂排污口	100. 0	100. 0	1. 7	15. 0	3. 8	274. 0	41. 1
	大唐发电厂排污口	272. 4	272. 4	4. 5	40. 9	10. 4	746. 3	112. 1
	西固污水处理厂大金沟排污口	2 769. 5	670. 2	11. 1	33. 2	8. 5	1 836. 2	91. 0
	市政油污干管小金沟排污口	1 229	737. 4	12. 2	61. 4	15. 7	2 020. 0	168. 0
	七里河安宁污水处理厂排污口	6 431. 5	1 627. 2	26. 9	90. 0	22. 9	4 458. 1	246. 6
	盐场污水处理厂排污口	1 642. 4	382. 7	6. 3	49. 3	12. 6	1 048. 5	135. 1
	兰州碧桂园污水处理站	96. 8	48. 4	0. 8	4. 84	1. 2	400. 0	40
黄河兰州排污控制区	雁儿湾污水处理厂排污口	8 374. 7	1 884. 3	31. 2	75. 4	19. 2	5 162. 5	206. 6
黄河兰州过渡区	和平污水处理厂排污口	346. 75	74. 6	1. 2	1. 5	0. 4	204. 4	4. 1
合计		21 678. 05	6 046. 2	100	392. 29	100	16 832. 2	1 101. 4

1. 庄浪河

庄浪河是黄河上游一级支流，发源于祁连山冷龙岭东端的得尔山、抓卡尔山，由北向南东流经天祝、永登至西固区河口镇汇入黄河。全长 184. 8 km，流域面积 4 008 km^2，庄浪河径流主要来自天祝县境内的降水和冰雪融水。据武胜驿水文站观测，多年平均流量为 6. 13 m^3/s，多年平均径流量为 1. 934 亿 m^3。由于永登县大量引水灌溉，至下游红崖子水文站，年平均流量只有 5. 63 m^3/s，径流量只有 1. 77 亿 m^3。

2. 宛川河

宛川河为黄河的一级小型支流，发源于甘肃临洮县泉头村（海拔约 2 300 m），自东南向西北在西坪村响水子峡注入黄河。全长约 84 km，流域面积 1 867 km^2。流域多年平均径流量 0.4 亿 m^3，径流年内分配不均，干流年径流量的 48.6%集中在 5—8 月，且多为暴雨形成的洪水径流，冬季 12 月至翌年 2 月的径流量只占年径流量的 12.3%。

3. 蔡家河

蔡家河为黄河一级支流，是皋兰县内最大的河沟。上游由二条支沟组成，从西向东依次为拱坝川、黑石川，各支沟为常年干涸的沟谷，只有大暴雨时才有水流通过。拱坝川、黑石川至皋兰县城关石洞寺汇合，并得到泉水补给，成为常流水的河沟，始有蔡家河之名。蔡家河南流，先后有果果川、西岘沟、洞槽沟、涧沟川及水阜河汇入。再东南流至什川的东河口注入黄河。蔡家河流域长 80.5 km，流域面积 1 605 km^2。蔡家河流域径流量由降水补给，查《甘肃省水文图集》多年平均径流深等值线图，本地区多年平均径流深为 5 mm，多年平均径流量为 802.5 万 m^3。径流年内分配不均匀，主要集中在 7—9 月。

3.4.2.2 支流水质

根据《关于印发“十四五”国家空气、地表水环境质量监测网设置方案的通知》（环办监测〔2020〕3 号），庄浪河设有界牌村国控断面，对其 2021 年逐月水质监测结果进行分析可知，其水质均满足地表水Ⅱ类水质限值要求，本次不再单独统计其输污量。根据《兰州市重点流域水生态环境保护“十四五”规划要点》报告显示，宛川河因上游水库调蓄等原因，流量逐年减小，且自高崖水库以下常年断流，成为一条沿线村镇的纳污河，水质较差，多为Ⅴ类。蔡家河属季节性的洪水冲沟，径流量补给主要来自于降水，水质较差，多为Ⅴ类。根据 2020 年 10 月蔡家河和 2021 年 12 月宛川河入黄河前 100 m 处水质监测结果，主要污染物浓度统计结果见表 3-7。宛川河流量参考《甘肃省兰州市榆中县地表水功能区限制纳污红线方案》，选取 75%保证率最枯月平均流量。蔡家河流量参考《甘肃省水文图集》，推算其平均流量为 0.25 m^3/s。

表 3-7 支流主要污染物浓度统计结果

水功能区名称	支流名称（水质监测断面）	流量/(m^3/s)	主要污染物浓度/(mg/L)	
			COD	氨氮
黄河兰州过渡区	宛川河入黄河前 100 m	0.19	20	2.11
黄河皋兰农业用水区	蔡家河	0.25	23	7.73

3.4.2.3 支流输污量

宛川河主要污染物 COD 和氨氮的年输污量分别为 119.8 t 和 12.6 t，见表 3-8。

表 3-8　支流输污量统计

水功能区名称	支流名称	平均流量/(m^3/s)	输污量			
			COD/(t/a)	氨氮/(t/a)	COD/(kg/d)	氨氮/(kg/d)
黄河兰州过渡区	宛川河	0.19	119.8	12.6	328.2	34.5
黄河皋兰农业用水区	蔡家河	0.25	181.3	60.9	496.8	167.0

3.4.3　水功能区纳污量

对论证范围内的水功能区纳污量的统计基于主要入河排污口和支流口的调查分析结果。统计结果见表 3-9。

表 3-9　水功能区纳污量统计结果

水功能区名称	主要污染物接纳量			
	COD/（t/a）	氨氮/（t/a）	COD/（kg/d）	氨氮/（kg/d）
黄河兰州工业景观用水区	4 087.3	315.4	11 465.3	890.8
黄河兰州排污控制区	1 884.3	75.4	5 162.5	206.6
黄河兰州过渡区	194.4	14.1	532.6	38.6
黄河皋兰农业用水区	181.3	60.9	496.8	167.0
合计	6 347.3	465.8	17 657.2	1 303.0

3.5　水功能区/控制单元水质状况

3.5.1　水质监测现状

根据《关于印发“十四五”国家空气、地表水环境质量监测网设置方案的通知》（环办监测〔2020〕3 号），新城桥断面汇水范围为黄河兰州饮用工业用水区；什川桥断面汇水范围包括排污口所在的黄河兰州工业景观用水区、黄河兰州排污控制区和黄河兰州过渡区。兰州市生态环境局在什川桥断面汇水范围内共设置七里河桥、中山桥和包兰桥 3 个省控监测断面，其中七里河桥、中山桥为“十四五”新增断面（见表 3-10）。

表 3-10　甘肃省国控（省控）断面一览

水功能区名称	国控断面名称	国控断面水质目标	省控断面名称	省控断面水质目标
黄河兰州饮用工业用水区	新城桥	Ⅱ	—	—
黄河兰州工业景观用水区	什川桥	Ⅱ	七里河桥	Ⅲ
			中山桥	Ⅱ
黄河兰州排污控制区			包兰桥	Ⅱ
黄河兰州过渡区			—	—
黄河皋兰农业用水区	青城桥	Ⅱ	—	—
黄河白银饮用工业用水区	靖远桥	Ⅱ	—	—

常规监测断面每月监测 1 次，基本监测项目包括水温、电导率、浊度、pH、溶解氧、高锰酸盐指数、COD、五日生化需氧量、氨氮、总磷、挥发酚、氰化物、砷、汞、硒、六价铬、氟化物、铜、铅、锌、镉、石油类、阴离子表面活性剂等 23 项。

3.5.2　水质评价

3.5.2.1　评价标准与方法

常规监测项目依照《地表水环境质量标准》（GB 3838—2002）基本项目标准限值，采用单因子评价法进行评价。即将每个断面各评价因子监测结果的算术平均值与评价标准限值比较，确定各因子的水质类别，其中的最高类别即为该断面综合水质类别。《地表水环境质量标准》（GB 3838—2002）基本项目标准限值见表 3-11。

根据全国地表水水质月报评价指标的要求，地表水水质评价指标为《地表水环境质量标准》（GB 3838—2002）表 1 中除水温、总氮、粪大肠菌群以外的 21 项指标。

3.5.2.2　历史常规水质监测成果评价分析

根据 2016—2022 年的常规水质监测结果，对新城桥、七里河桥、中山桥、包兰桥、什川桥、青城桥 6 个监测断面按月进行统计评价，其中，七里河桥、中山桥断面为“十四五”新增断面，仅有 2021 年、2022 年监测数据。

1. 黄河干流兰州段沿程水质

自 2016 年以来，兰州市黄河干流各断面水质年均值均为Ⅱ类，主要定类因子为氨氮和总磷。

表 3-11　《地表水环境质量标准》(GB 3838—2002) 基本项目标准限值

序号	项目		分类				
			Ⅰ类	Ⅱ类	Ⅲ类	Ⅳ类	Ⅴ类
1	pH		6~9				
2	溶解氧	≥	饱和率 90%（或 7.5）	6	5	3	2
3	高锰酸盐指数	≤	2	4	6	10	15
4	COD	≤	15	15	20	30	40
5	BOD_5	≤	3	3	4	6	10
6	氨氮（NH_3-N）	≤	0.15	0.5	1.0	1.5	2.0
7	总磷（以 P 计）	≤	0.02	0.1	0.2	0.3	0.4
8	铜	≤	0.01	1.0	1.0	1.0	1.0
9	锌	≤	0.05	1.0	1.0	2.0	2.0
10	氟化物（以 F^- 计）	≤	1.0	1.0	1.0	1.5	1.5
11	硒	≤	0.01	0.01	0.01	0.02	0.02
12	砷	≤	0.05	0.05	0.05	0.1	0.1
13	铅	≤	0.01	0.01	0.05	0.05	0.1
14	汞	≤	0.000 05	0.000 05	0.000 1	0.001	0.001
15	镉	≤	0.001	0.005	0.005	0.005	0.01
16	挥发酚	≤	0.002	0.002	0.005	0.01	0.1
17	六价铬	≤	0.01	0.05	0.05	0.05	0.1
18	氰化物	≤	0.005	0.05	0.2	0.2	0.2
19	石油类	≤	0.05	0.05	0.05	0.5	1.0
20	阴离子表面活性剂	≤	0.2	0.2	0.2	0.3	0.3
21	硫化物	≤	0.05	0.1	0.2	0.5	1.0

注：除 pH 外，其余项目标准值单位均为 mg/L。

2016—2018 年，兰州市黄河干流出境断面氨氮年均浓度高于入境断面平均浓度，极大值分别出现于包兰桥断面（2016 年）、什川桥断面（2017 年）和青城桥断面（2018 年）。自 2019 年起，兰州市黄河干流出境断面氨氮年均浓度低于入境断面平均浓度，在经过七里河桥—包兰桥城区河段时浓度有小幅增高。2019 年氨氮年均浓度极大值出现于包兰桥、什川桥断面（城区河段）；2020—2022 年极大值均出现于新城桥断面（入境）。黄河干流氨氮浓度逐年沿程变化可以较为直观地反映出兰州市近年来水污染治理的突出成效以及城区四座污水处理厂污水集中排放对黄河干流水质的影响，具体见

图 3-2。

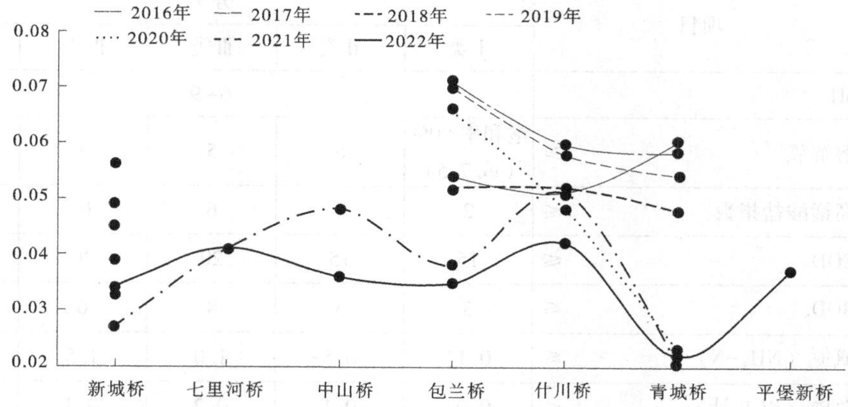

图 3-2 黄河（兰州段）断面氨氮年均浓度沿程变化情况（2016—2022 年）

兰州市黄河干流总磷年均浓度极大值主要出现在包兰桥断面和什川桥断面（城区及城区下游河段），极小值主要出现在新城桥断面（入境）和青城桥断面（出境）。2016 年，兰州市黄河干流总磷年均浓度由上游至下游呈上升趋势；2017 年、2019 年和 2020 年，兰州市黄河干流总磷年均浓度在包兰桥断面出现极大值后明显衰减；2018 年上下游总磷年均浓度基本保持稳定；2021 年、2022 年沿程总磷年均浓度在较低水平上呈波动趋势。2016—2020 年，兰州市黄河干流总磷年均浓度沿程变化趋势可以反映出城区四座污水处理厂污水集中对干流水质的影响；2021 年、2022 年沿程变化可以看到兰州市近两年污水处理设施提标改造以及黑臭水体整治等方面的工作成效，具体见图 3-3。

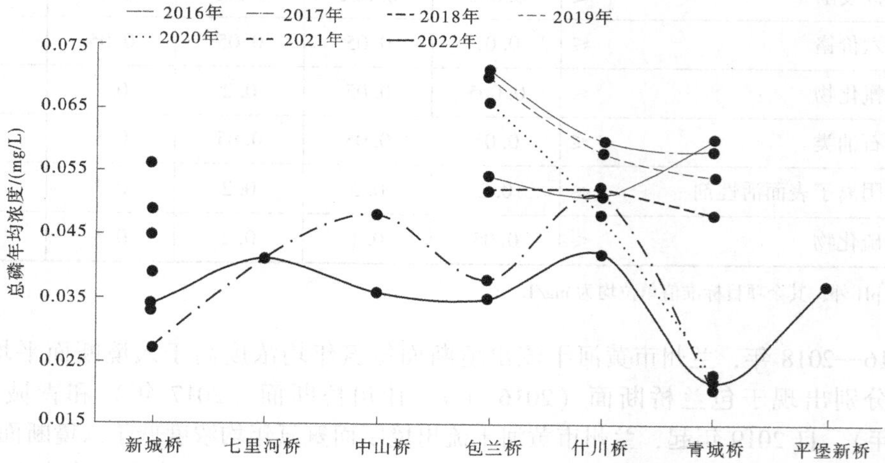

图 3-3 黄河（兰州段）断面总磷年均浓度沿程变化情况（2016—2022 年）

2. 新城桥断面

2016—2022 年，新城桥断面各年度年均水质类别均为Ⅱ类。从逐月水质状况来看，新城桥断面水质类别基本保持在Ⅱ类，仅在 2022 年 2 月和 7 月出现过Ⅲ类，具体见表 3-12，超标因子为氨氮和总磷，超标倍数分别为 0.1 和 0.5。从各污染因子逐月浓度来看，新城桥断面主要定类因子为氨氮。

表 3-12　新城桥断面逐月水质类别变化情况（2016—2022 年）

年份	1 月	2 月	3 月	4 月	5 月	6 月	7 月	8 月	9 月	10 月	11 月	12 月
2016	Ⅱ类	Ⅱ类	Ⅱ类	Ⅱ类	Ⅱ类	Ⅱ类	Ⅱ类	Ⅱ类	Ⅱ类	Ⅱ类	Ⅱ类	Ⅱ类
2017	Ⅱ类	Ⅱ类	Ⅱ类	Ⅱ类	Ⅱ类	Ⅱ类	Ⅱ类	Ⅱ类	Ⅱ类	Ⅱ类	Ⅰ类	Ⅱ类
2018	Ⅱ类	Ⅱ类	Ⅱ类	Ⅱ类	Ⅱ类	Ⅱ类	Ⅱ类	Ⅱ类	Ⅱ类	Ⅱ类	Ⅱ类	Ⅱ类
2019	Ⅱ类	Ⅱ类	Ⅱ类	Ⅱ类	Ⅱ类	Ⅱ类	Ⅱ类	Ⅱ类	Ⅱ类	Ⅱ类	Ⅱ类	Ⅱ类
2020	Ⅱ类	Ⅰ类	Ⅱ类	Ⅱ类	Ⅱ类	Ⅱ类	Ⅱ类	Ⅱ类	Ⅱ类	Ⅱ类	Ⅱ类	Ⅱ类
2021	Ⅱ类	Ⅱ类	Ⅱ类	Ⅱ类	Ⅱ类	Ⅱ类	Ⅱ类	Ⅱ类	Ⅱ类	Ⅱ类	Ⅱ类	Ⅱ类
2022	Ⅱ类	Ⅲ类	Ⅱ类	Ⅱ类	Ⅱ类	Ⅱ类	Ⅲ类	Ⅱ类	Ⅱ类	Ⅰ类	Ⅱ类	Ⅱ类

2016—2022 年，新城桥断面氨氮年均浓度总体呈下降趋势。2022 年，新城桥断面氨氮年均浓度约为 0.20 mg/L，较 2016 年下降 23.1%，具体见图 3-4。

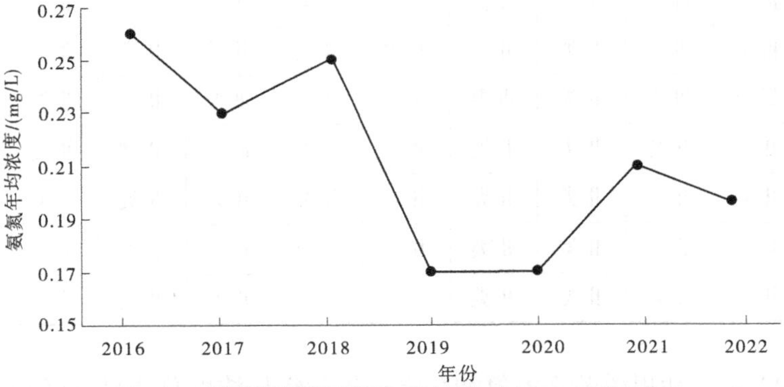

图 3-4　新城桥断面氨氮年均浓度（2016—2022 年）

从逐月浓度变化来看，2016—2018 年，新城桥断面氨氮逐月浓度波动幅度较大，且多次接近目标浓度限值；2019—2021 年，新城桥断面氨氮逐月浓度波动幅度显著减小，趋于稳定，且浓度远低于氨氮地表水Ⅱ类的目标浓度限值；自 2021 年 10 月起，新城桥断面氨氮浓度呈现波动上升趋势，2022 年 2 月氨氮浓度超标；2022 年 3 月起，新城桥断面浓度大幅回落。从年内各月浓度值分布来看，新城桥断面氨氮浓度峰值多出现在每年 11 月至次年 2 月，具体见图 3-5。

3. 什川桥断面

2016—2022 年，什川桥断面各年度年均水质类别均为Ⅱ类。从逐月水质状况来看，什川桥断面大部分水质监测结果均为Ⅱ类，部分月份（主要集中在 2016 年、2017 年、

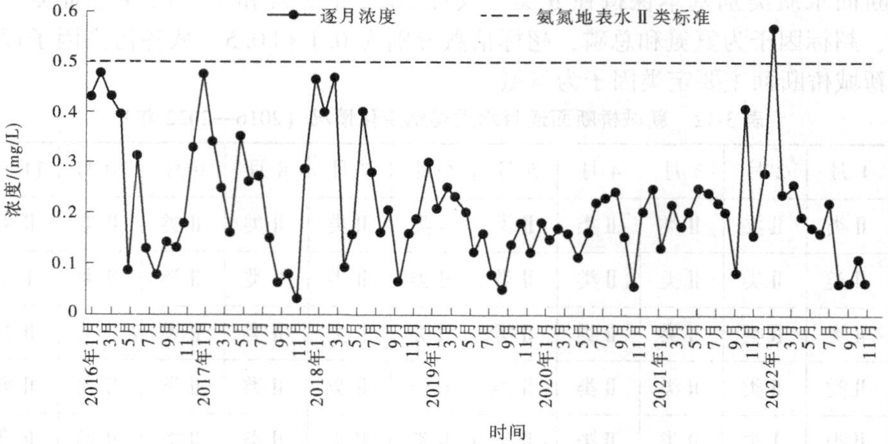

图 3-5　新城桥断面氨氮浓度逐月变化情况（2016—2022 年）

2018 年）水质类别达到Ⅲ类，仅 2021 年 10 月化学需氧量超过断面Ⅱ类水质目标约 0.05 倍。具体见表 3-13。从各污染因子逐月浓度来看，什川桥断面主要定类因子为氨氮和化学需氧量。

表 3-13　什川桥断面水质类别变化情况（2016—2022 年）

年份	1月	2月	3月	4月	5月	6月	7月	8月	9月	10月	11月	12月
2016	Ⅲ类	Ⅲ类	Ⅲ类	Ⅲ类	Ⅱ类	Ⅱ类	Ⅱ类	Ⅱ类	Ⅱ类	Ⅱ类	Ⅱ类	Ⅲ类
2017	Ⅲ类	Ⅲ类	Ⅲ类	Ⅱ类	Ⅱ类	Ⅱ类	Ⅱ类	Ⅱ类	Ⅱ类	Ⅱ类	Ⅱ类	Ⅱ类
2018	Ⅱ类	Ⅲ类	Ⅲ类	Ⅱ类	Ⅲ类	Ⅱ类	Ⅱ类	Ⅲ类	Ⅱ类	Ⅱ类	Ⅱ类	Ⅱ类
2019	Ⅲ类	Ⅱ类	Ⅱ类	Ⅱ类	Ⅱ类	Ⅱ类	Ⅱ类	Ⅲ类	Ⅱ类	Ⅱ类	Ⅱ类	Ⅱ类
2020	Ⅱ类	Ⅱ类	Ⅱ类	Ⅱ类	Ⅱ类	Ⅱ类	Ⅱ类	Ⅱ类	Ⅱ类	Ⅱ类	Ⅱ类	Ⅱ类
2021	Ⅱ类	Ⅱ类	Ⅱ类	Ⅱ类	Ⅱ类	Ⅱ类	Ⅱ类	Ⅱ类	Ⅱ类	Ⅲ类	Ⅱ类	Ⅱ类
2022	Ⅱ类	Ⅱ类	Ⅱ类	Ⅱ类	Ⅱ类	Ⅱ类	Ⅱ类	Ⅱ类	Ⅱ类	Ⅱ类	Ⅱ类	Ⅱ类

2016—2022 年，什川桥断面氨氮和化学需氧量年均浓度总体呈下降趋势。2022 年，什川桥断面氨氮年均浓度为 0.14 mg/L，较 2016 年下降 64.5%，但与 2020 年年均浓度相比，略有上升。2022 年，化学需氧量年均浓度为 7.6 mg/L，较 2016 年下降 39.0%，具体见图 3-6 和图 3-7。

从逐月浓度变化来看，2016—2018 年，什川桥断面氨氮逐月浓度波动幅度较大，2019—2021 年，什川桥断面氨氮逐月浓度波动幅度减小，且浓度远低于氨氮地表水Ⅱ类目标浓度限值；自 2021 年 10 月起，什川桥断面氨氮浓度呈大幅上升趋势；2022 年，什川桥断面氨氮浓度逐步回落。从年内浓度分布情况来看，什川桥断面氨氮浓度峰值多出现在每年 11 月至次年 2 月，与上游新城桥断面污染物浓度分布特征相似。什川桥断面化学需氧量逐月浓度波动较大，分布特征不明显，但总体呈波动下降趋势，具体见图 3-8、图 3-9。

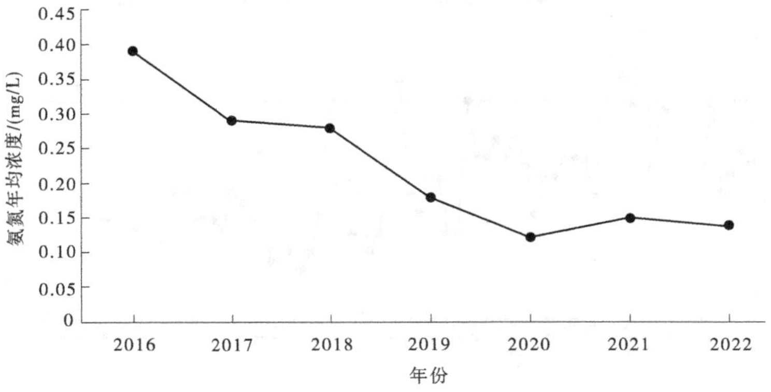

图 3-6　什川桥断面氨氮年均浓度变化趋势（2016—2022 年）

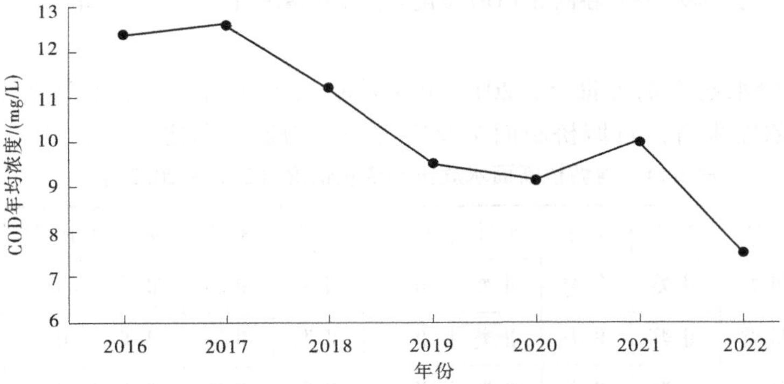

图 3-7　什川桥断面 COD 年均浓度变化趋势（2016—2022 年）

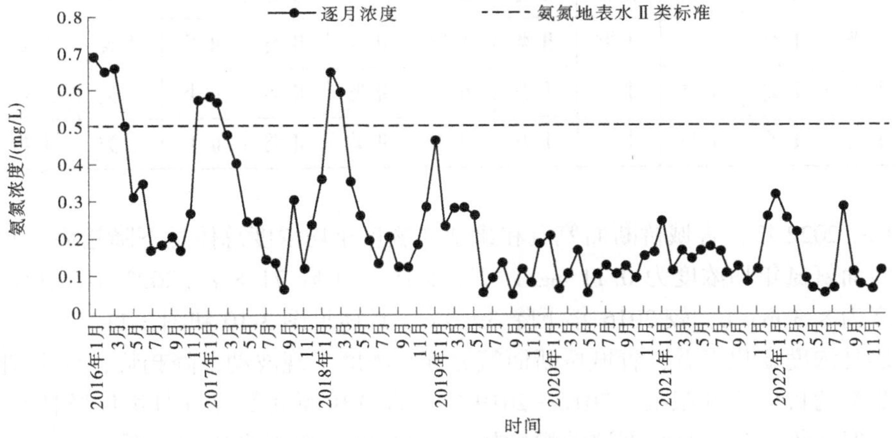

图 3-8　什川桥断面氨氮浓度逐月变化情况（2016—2022 年）

4. 青城桥断面

2016—2022 年，青城桥断面年均水质类别基本为Ⅱ类，仅 2019 年年均水质类别为Ⅲ类。从逐月水质状况来看，青城桥断面各月水质类别基本保持在Ⅰ～Ⅱ类，2016 年、

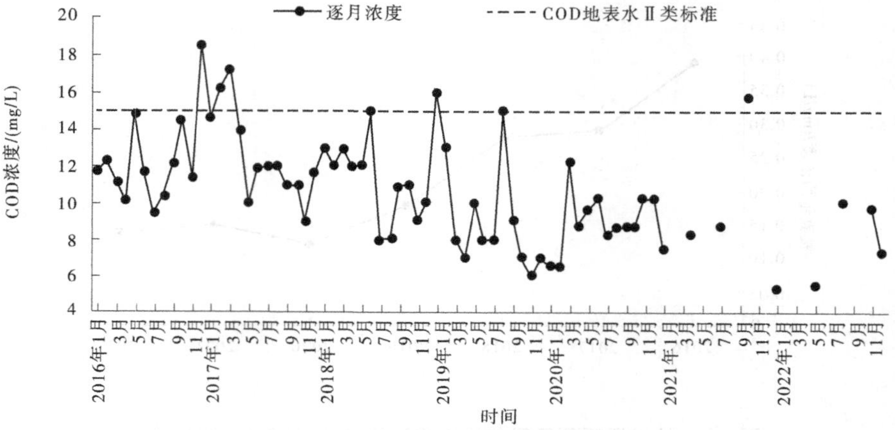

图 3-9　什川桥断面 COD 浓度逐月变化情况（2016—2022 年）

2017 年个别月份水质类别为Ⅲ类，2019 年 3 月断面水质为Ⅴ类，具体见表 3-14。从各污染因子逐月浓度来看，青城桥断面主要定类因子为氨氮和化学需氧量。

表 3-14　青城桥断面水质类别变化情况（2016—2022 年）

年份	1 月	2 月	3 月	4 月	5 月	6 月	7 月	8 月	9 月	10 月	11 月	12 月
2016	Ⅲ类	Ⅲ类	Ⅱ类	Ⅱ类	Ⅱ类	Ⅱ类	Ⅱ类	Ⅱ类	Ⅱ类	Ⅱ类	Ⅱ类	Ⅲ类
2017	Ⅲ类	Ⅲ类	Ⅱ类	Ⅱ类	Ⅱ类	Ⅱ类	Ⅱ类	Ⅱ类	Ⅱ类	Ⅱ类	Ⅱ类	Ⅱ类
2018	Ⅱ类	Ⅱ类	Ⅱ类	Ⅱ类	Ⅱ类	Ⅱ类	Ⅱ类	Ⅱ类	Ⅱ类	Ⅱ类	Ⅱ类	Ⅱ类
2019	Ⅱ类	Ⅱ类	Ⅴ类	Ⅱ类	Ⅱ类	Ⅱ类	Ⅱ类	Ⅱ类	Ⅱ类	Ⅱ类	Ⅱ类	Ⅱ类
2020	Ⅰ类	Ⅰ类	Ⅱ类	Ⅰ类	Ⅱ类	Ⅰ类	Ⅱ类	Ⅱ类	Ⅱ类	Ⅰ类	Ⅰ类	Ⅰ类
2021	Ⅰ类	Ⅰ类	Ⅰ类	Ⅰ类	Ⅰ类	Ⅱ类	Ⅱ类	Ⅱ类	Ⅱ类	Ⅰ类	Ⅱ类	Ⅰ类
2022	Ⅰ类	Ⅰ类	Ⅰ类	Ⅰ类	Ⅰ类	Ⅱ类	Ⅱ类	Ⅱ类	Ⅱ类	Ⅱ类	Ⅱ类	Ⅰ类

2016—2022 年，青城桥断面氨氮和化学需氧量年均浓度总体呈下降趋势。2022 年，青城桥断面氨氮年均浓度为 0.11 mg/L，较 2016 年下降 71.8%；2022 年，化学需氧量年均浓度为 8.3 mg/L，较 2016 年下降 39.0%，具体见图 3-10 和图 3-11。

从逐月浓度变化来看，青城桥断面氨氮逐月浓度呈现波动下降趋势，仅个别月超出地表水Ⅱ类的目标浓度限值；2016—2019 年，青城桥断面氨氮逐月浓度整体呈明显下降趋势，但在年初几个月浓度波动幅度较大；自 2019 年下半年起，断面氨氮浓度波动幅度较往年明显减小，且浓度远低于氨氮地表水Ⅱ类的目标浓度限值，并维持在较低水平波动；但 2021 年 10 月至 2022 年 8 月、9 月，青城桥断面氨氮浓度有上升趋势。从年内浓度分布情况来看，氨氮浓度峰值多出现在每年的 11 月至次年 2 月。青城桥断面化学需氧量逐月浓度波动较大，总体呈下降趋势，年内各月分布特征不明显，具体见

图 3-12、图 3-13。

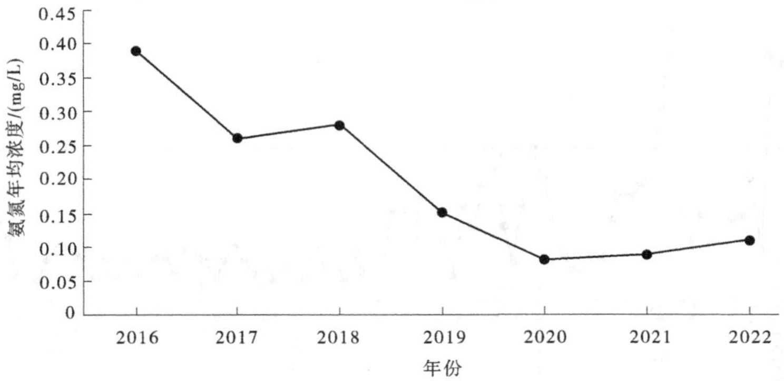

图 3-10　青城桥断面氨氮年均浓度变化趋势（2016—2022 年）

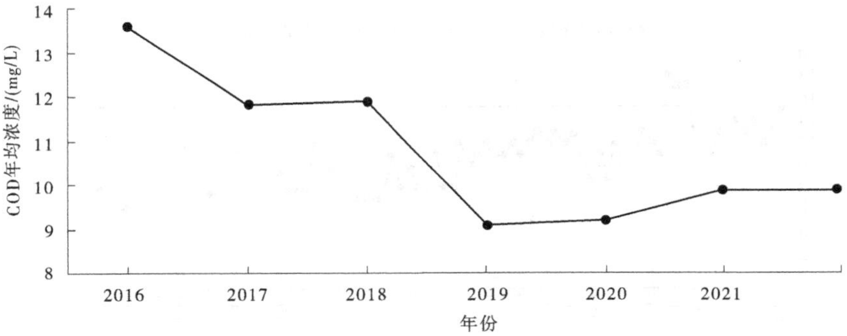

图 3-11　青城桥断面 COD 年均浓度变化趋势（2016—2022 年）

5. 七里河桥断面

2022 年，七里河桥断面年均水质类别为Ⅱ类，逐月水质类别稳定达到Ⅱ类目标要求，具体见表 3-15。从各污染因子逐月浓度来看，该断面主要定类因子为高锰酸盐指数、氨氮、总磷。

表 3-15　七里河桥断面水质类别变化情况（2021—2022 年）

年份	1 月	2 月	3 月	4 月	5 月	6 月	7 月	8 月	9 月	10 月	11 月	12 月
2021	Ⅱ类	Ⅱ类	Ⅱ类	Ⅱ类	Ⅱ类	Ⅱ类	Ⅱ类	Ⅱ类	Ⅱ类	Ⅱ类	Ⅱ类	Ⅱ类
2022	Ⅱ类	Ⅱ类	Ⅱ类	Ⅰ类	Ⅰ类	Ⅰ类	Ⅱ类	Ⅱ类	Ⅱ类	Ⅱ类	Ⅱ类	Ⅱ类

从 2021 年、2022 年逐月浓度变化来看，七里河桥断面 7 月、9 月出现高锰酸盐指数浓度峰值；氨氮逐月浓度年内变化总体呈现“U”形走势，汛期浓度相对较低；总磷逐月浓度平稳波动，仅 2021 年 10 月、2022 年 2 月出现异常峰值，具体见图 3-14。

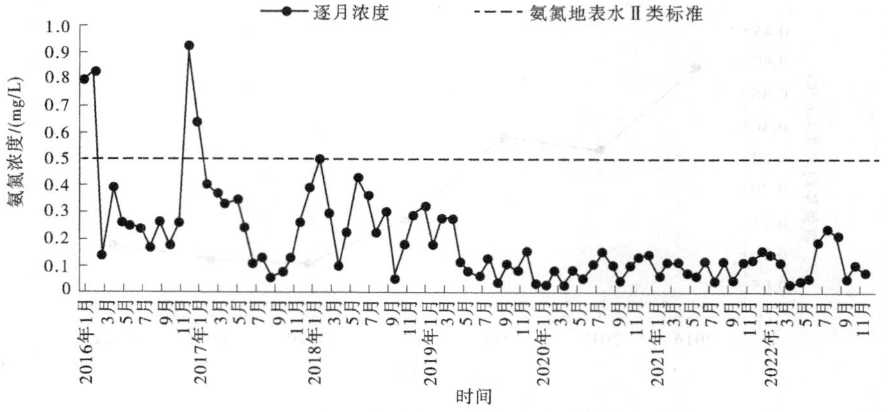

图 3-12 青城桥断面氨氮浓度逐月变化情况（2016—2022 年）

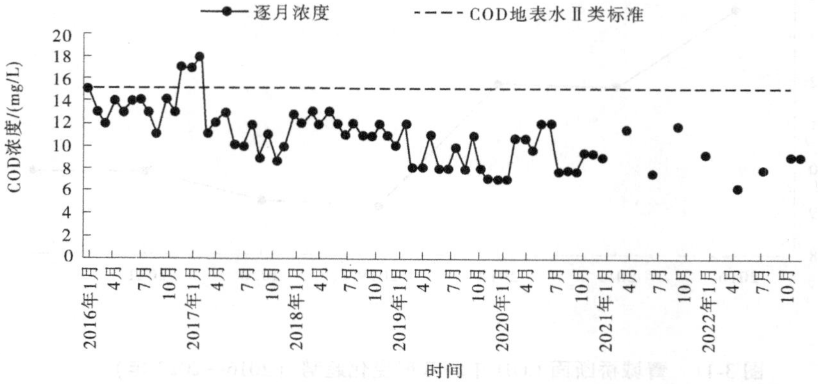

图 3-13 青城桥断面 COD 浓度逐月变化情况（2016—2022 年）

6. 中山桥断面

中山桥断面 2022 年年均水质类别为Ⅱ类，逐月水质类别稳定达到Ⅱ类目标要求，具体见表 3-16。从各污染因子逐月浓度来看，该断面主要定类因子为高锰酸盐指数、氨氮、总磷。

表 3-16 中山桥断面水质类别变化情况（2021—2022 年）

年份	1 月	2 月	3 月	4 月	5 月	6 月	7 月	8 月	9 月	10 月	11 月	12 月
2021	Ⅱ类	Ⅱ类	Ⅱ类	Ⅱ类	Ⅱ类	Ⅱ类	Ⅱ类	Ⅱ类	Ⅱ类	Ⅱ类	Ⅱ类	Ⅱ类
2022	Ⅱ类	Ⅱ类	Ⅱ类	Ⅱ类	Ⅱ类	Ⅰ类	Ⅱ类	Ⅱ类	Ⅱ类	Ⅱ类	Ⅱ类	Ⅱ类

从 2021 年、2022 年逐月浓度变化来看，中山桥断面高锰酸盐指数逐月浓度变化呈现稳定波动；2021 年氨氮逐月浓度年内变化呈现“U”形趋势，汛期浓度较低，2022

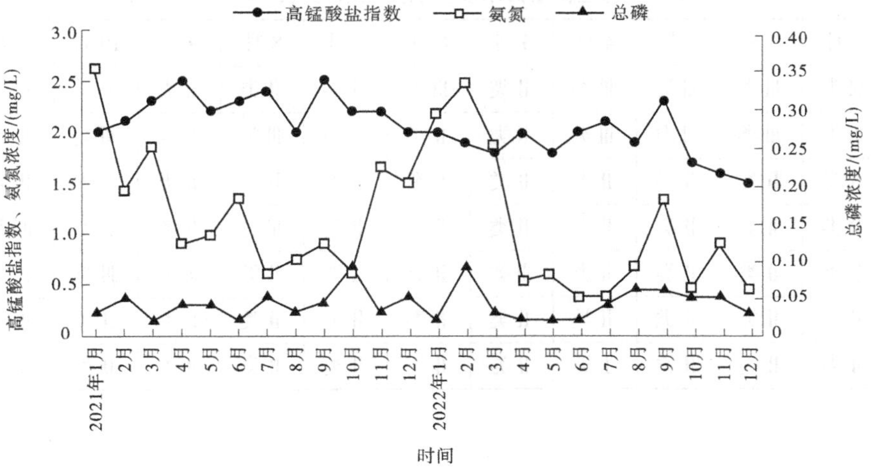

图 3-14　七里河桥断面主要定类因子浓度逐月变化情况（2021—2022 年）

年则呈现明显下降的趋势；总磷逐月浓度在汛期出现明显峰值，具体见图 3-15。

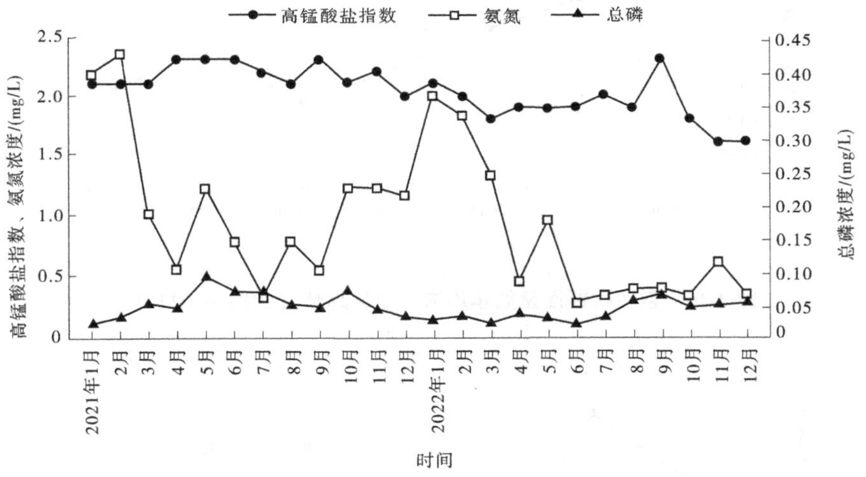

图 3-15　中山桥断面主要定类因子浓度逐月变化情况（2021—2022 年）

7. 包兰桥断面

2016—2022 年，包兰桥断面各年度年均水质类别均为Ⅱ类。从逐月水质状况来看，包兰桥断面大部分水质监测结果均为Ⅱ类，部分月份水质类别达到Ⅲ类，水质稳定达标（2016—2020 年水质目标为Ⅲ类；2021 年起为Ⅱ类），具体见表 3-17。从各污染因子逐月浓度来看，该断面主要定类因子为氨氮和高锰酸盐指数。

2016—2022 年，包兰桥断面氨氮浓度总体呈下降趋势，高锰酸盐指数浓度呈平稳波动趋势。2022 年，包兰桥断面氨氮年均浓度为 0.15 mg/L，较 2016 年下降 61.8%；高锰酸盐指数年均浓度为 2.0 mg/L，较 2016 年基本持平，具体见图 3-16、图 3-17。

表 3-17 包兰桥断面水质类别变化情况（2016—2022 年）

年份	1 月	2 月	3 月	4 月	5 月	6 月	7 月	8 月	9 月	10 月	11 月	12 月
2016	Ⅲ类	Ⅲ类	Ⅲ类	Ⅲ类	Ⅱ类	Ⅲ类	Ⅱ类	Ⅱ类	Ⅱ类	Ⅱ类	Ⅱ类	Ⅲ类
2017	Ⅲ类	Ⅲ类	Ⅲ类	Ⅲ类	Ⅱ类	Ⅱ类	Ⅱ类	Ⅲ类	Ⅱ类	Ⅲ类	Ⅱ类	Ⅱ类
2018	Ⅱ类	Ⅱ类	Ⅱ类	Ⅱ类	Ⅱ类	Ⅱ类	Ⅱ类	Ⅱ类	Ⅱ类	Ⅱ类	Ⅱ类	Ⅱ类
2019	Ⅱ类	Ⅱ类	Ⅱ类	Ⅱ类	Ⅱ类	Ⅱ类	Ⅱ类	Ⅲ类	Ⅱ类	Ⅱ类	Ⅲ类	Ⅱ类
2020	Ⅱ类	Ⅱ类	Ⅱ类	Ⅱ类	Ⅲ类	Ⅱ类	Ⅱ类	Ⅱ类	Ⅲ类	Ⅲ类	Ⅱ类	Ⅱ类
2021	Ⅱ类	Ⅱ类	Ⅱ类	Ⅱ类	Ⅱ类	Ⅱ类	Ⅱ类	Ⅱ类	Ⅱ类	Ⅱ类	Ⅱ类	Ⅱ类
2022	Ⅱ类	Ⅱ类	Ⅱ类	Ⅰ类	Ⅱ类	Ⅱ类	Ⅱ类	Ⅱ类	Ⅱ类	Ⅱ类	Ⅱ类	Ⅱ类

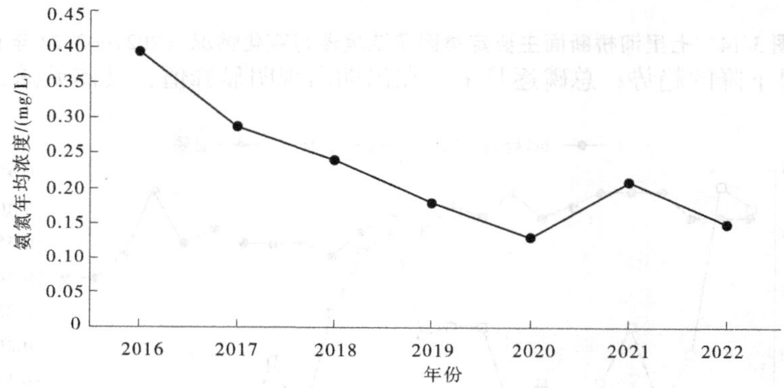

图 3-16 包兰桥断面氨氮年均浓度变化趋势（2016—2022 年）

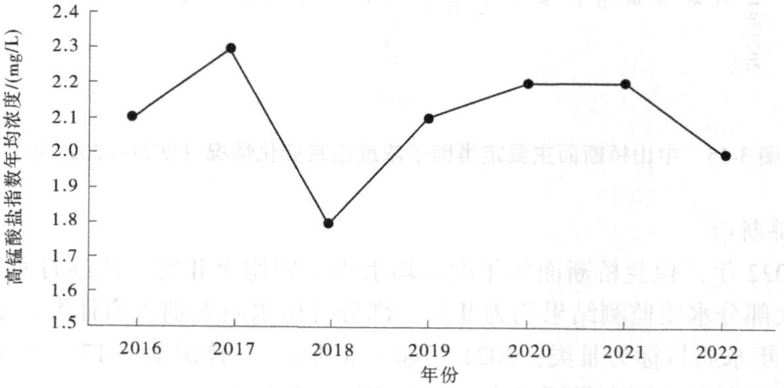

图 3-17 包兰桥断面高锰酸盐指数年均浓度变化趋势（2016—2022 年）

从逐月浓度变化来看，包兰桥断面氨氮逐月浓度呈波动下降趋势，2019—2021 年，包兰桥断面氨氮逐月浓度波动幅度较往年明显减小，且浓度远低于地表水Ⅱ类的目标浓度限值。从年内浓度分布情况来看，氨氮浓度峰值多出现在每年的 11 月至次年 2 月。包兰桥断面高锰酸盐指数逐月浓度波动特征不明显，具体见图 3-18、图 3-19。

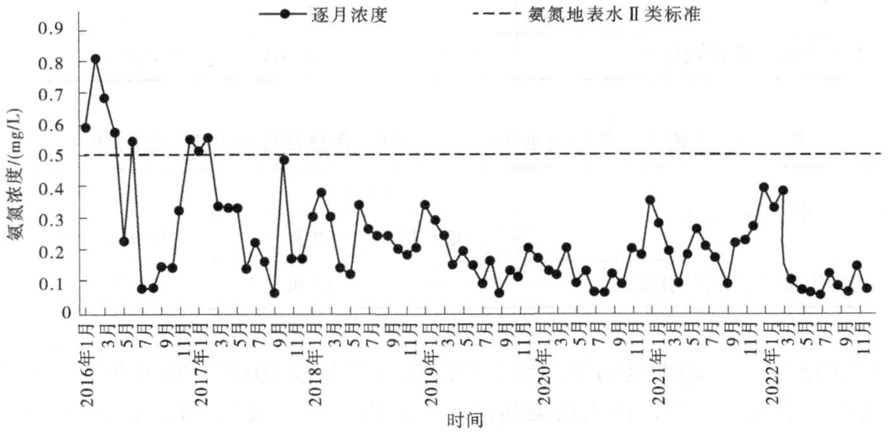

图 3-18　包兰桥断面氨氮浓度逐月变化情况（2016—2022 年）

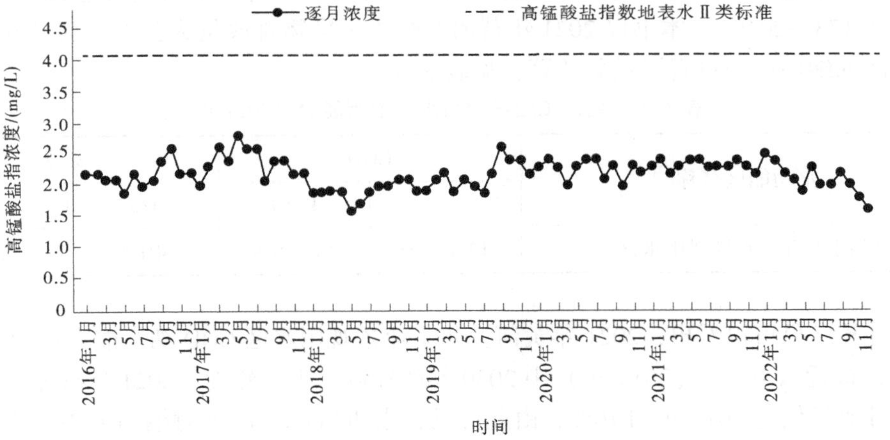

图 3-19　包兰桥断面高锰酸盐指数浓度逐月变化情况（2016—2022 年）

3.6　水域管理要求

3.6.1　水功能区纳污能力与限制排污总量

根据 2015 年通过水利部审查的《黄河流域（片）重要江河湖泊水功能区纳污能力核定和分阶段限制排污总量控制方案》（简称《方案》），黄河兰州工业景观用水区的纳污能力见表 3-18，分阶段限制排污总量控制方案见表 3-19。关于该《方案》的介绍见 3.6.1.1。

表 3-18 兰州工业景观用水区纳污能力（2015 年）

水功能区名称	COD		氨氮	
	t/a	kg/d	t/a	kg/d
黄河兰州工业景观用水区	70 431.9	192 964.0	6 039.3	16 545.9

表 3-19 兰州工业景观用水区分阶段限制排污总量控制方案（2015 年） 单位：t/a

水功能区名称	COD		氨氮	
	2020 年	2030 年	2020 年	2030 年
黄河兰州工业景观用水区	16 167.7	13 901.3	2 417	2 095.4

由于 2015 年水利部批复的纳污能力及限排方案是以 2011 年的污染物入河量为基准进行的核算，十几年来兰州市水污染防治工作取得了显著成效，污染物排放量大幅度削减，且黄河兰州段水质目标也由Ⅲ类提升至Ⅱ类，水域纳污能力与限排要求也随之发生了变化。为了更客观地反映受纳水域的真实纳污情况，依据《水域纳污能力计算规程》（GB/T 25173—2010），本书以 2021 年黄河兰州段污染物排放量为基准，对兰州工业景观用水区的纳污能力进行了重新核算，见表 3-20。

表 3-20 兰州工业景观用水区纳污能力（2021 年）

水功能区名称	COD		氨氮	
	t/a	kg/d	t/a	kg/d
黄河兰州工业景观用水区	13 479.0	36 928.9	401.9	1 101.1

从计算结果可以看出，2021 年黄河兰州工业景观用水区 COD 纳污能力仅为 2013 年的 19%，接近《方案》（2015 年）中 2030 年的控制水平，然而，2021 年该水功能区内污染物排放量仅为 2013 年的 10%，由此可见，水质目标的调整对纳污能力的大小影响较大。

3.6.1.1 纳污能力核定原则及方法

本书引用了 2015 年通过水利部审查的《黄河流域（片）重要江河湖泊水功能区纳污能力核定和分阶段限制排污总量控制方案》核定的纳污能力，方案出台的背景是全面贯彻落实《国务院关于实行最严格水资源管理制度的意见》（国发〔2012〕3 号），建立黄河流域水功能区限制纳污制度，从严核定黄河流域重要河湖水功能区纳污能力。"十二五"以来，随着黄河流域经济社会发展和能源重化工基地的快速建设，流域入河排污总量的控制压力越来越大，流域水资源保护总体形势仍然不容乐观，解决重要水功能区污染超载问题的任务艰巨。因此，黄河流域需结合经济社会发展、水资源配置和水污染治理水平等，与《全国水资源综合规划》和《黄河流域综合规划》等相协调，以流域水环境严重超载区域为重点，以水域纳污能力为约束条件，落实国家污染源达标排放等节能减排政策，严格制定入河污染物总量控制方案，促进流域分阶段、分区域水功能区水质目标的实现。

根据水利部《关于开展全国重要江河湖泊纳污能力核定和分阶段限制排污总量控制方案制订工作的通知》（水资源〔2011〕544 号）的要求，黄委组织黄河流域（片）10 省（区）开展了“黄河流域（片）重要江河湖泊水功能区纳污能力核定和分阶段限制排污总量控制方案”的编制工作。全国重要江河湖泊纳污能力核定和分阶段限制排污总量控制方案制订的主要任务包括：水功能区水质评价及达标控制目标，水功能区污染物入河量确定；水功能区纳污能力核定；水功能区限制排污总量分解方案等。具体技术路线图见图 3-20。黄委负责黄河干流、省界及黄委直管河段所在全国重点江河湖泊水功能区工作，各省（区）负责本辖区全国重点江河湖泊水功能区工作。

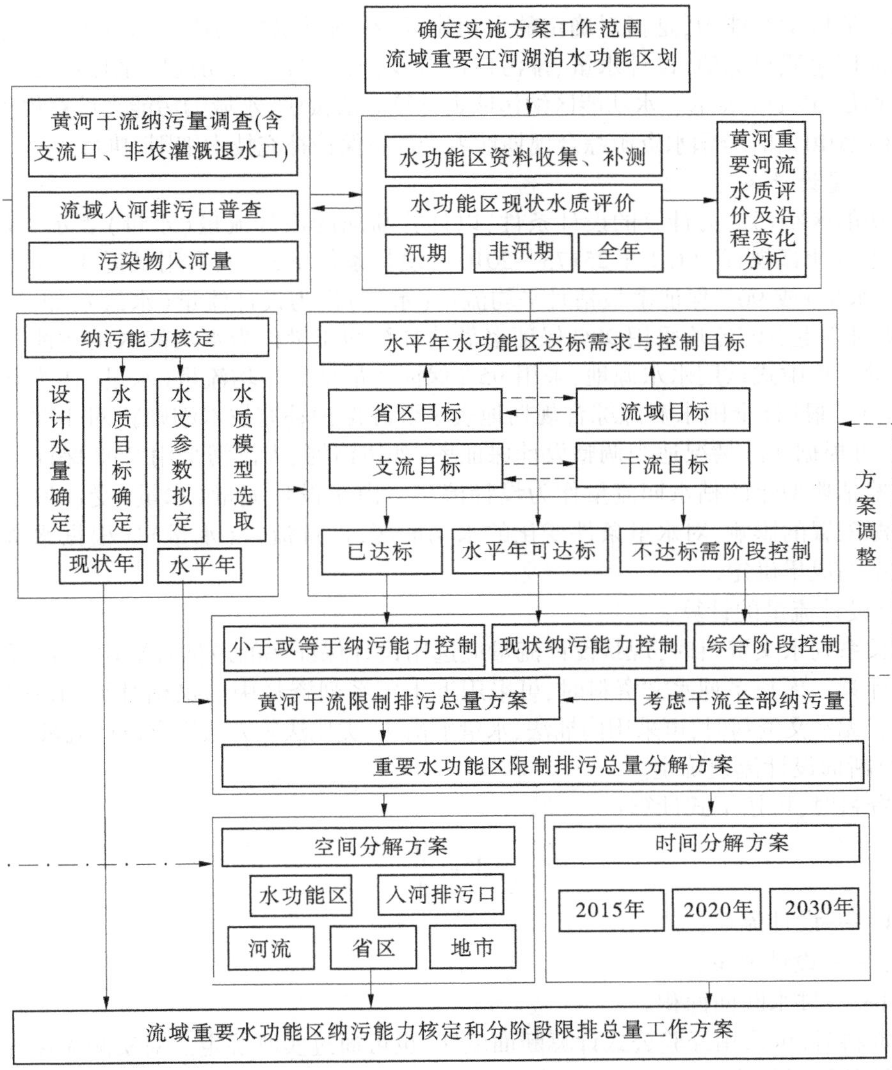

图 3-20　黄河流域分阶段限制排污总量分解技术路线

1. 纳污能力核定原则

水功能区水域纳污能力的核定通常按照《水域纳污能力计算规程》(GB/T 25173—2010)、《地表水资源保护规划补充技术细则》等要求进行确定。依据有关水文资料,拟定各重要水功能区的设计水力条件、水质模型有关参数等,以水质模型为手段,结合各水功能区水质管理目标,计算和核定各水功能区纳污能力。其中,对于水质目标、设计条件、污染物入河总量均未发生变化的水功能区,纳污能力原则上不变,其成果应与流域综合规划和其他相关规划成果相协调;对于水功能区调整、水质目标调整或计算方法与相关规范要求有明显矛盾而导致纳污能力发生变化的水功能区,其纳污能力须按照《水域纳污能力计算规程》(GB/T 25173—2010)等要求重新进行核定。

2. 纳污能力计算方法

水功能区纳污能力,是指对确定的水功能区,在满足水域功能要求的前提下,按给定的水功能区水质目标值、设计水量、排污口位置及排污方式下,功能区水体所能容纳的最大污染物量,以 t/a 表示。水功能区纳污能力计算方法按照《水域纳污能力计算规程》(GB/T 25173—2010)和《全国水资源综合规划地表水资源保护补充技术细则》执行。

1) 水量设计条件

水功能区纳污能力计算的设计条件,以计算断面的设计流量(水量)表示。根据《水域纳污能力计算规程》(GB/T 25173—2010),现状条件下,一般采用最近 10 年最枯月平均流量(水量)或 90%保证率最枯月平均流量(水量)作为设计流量(水量),如黄河干流、湟水、渭河等重点河流均采用 90%保证率最枯月平均流量作为水功能区纳污能力计算的设计流量。集中式饮用水水源地,采用 95%保证率最枯月平均流量(水量)作为其设计流量(水量)。根据《全国水资源综合规划地表水资源保护补充技术细则》,对于北方地区部分河流,可根据实际情况适当调整设计保证率(如伊洛河、大汶河采用 75%保证率),也可选取平偏枯典型年的枯水期流量作为设计流量。由于设计流量(水量)受江河水文情势和水资源配置的影响,对水量条件变化的水功能区,设计流量(水量)应根据水资源配置推荐方案的成果确定。

(1)设计流量的计算。

有长系列水文资料时,现状设计流量应选用设计保证率的最枯月平均流量,采用频率计算法计算。无长系列水文资料时,可采用近十年系列资料中的最枯月平均流量作为设计流量。无水文资料时,可采用内插法、水量平衡法、类比法等方法推求设计流量。

(2)断面设计流速确定。

有资料时,可按下式计算:

$$V = \frac{Q}{A} \tag{3-1}$$

式中 V——设计流速;

Q——设计流量;

A——过水断面面积。

无资料时,可采用经验公式计算断面流速,也可通过实测确定。对实测流速要注意转换为设计条件下的流速。

(3)岸边设计流量及流速。

宽深比较大的江河,污染物从岸边排放后不可能达到全断面混合,如果以全断面流量计算河段纳污能力,则与实际情况不符。此时纳污能力计算需采用按岸边污染区域(带)计算的岸边设计流量及岸边平均流速。计算时,要根据河段实际情况和岸边污染带宽度,确定岸边水面宽度,并推求岸边设计流量及其流速。

(4)湖(库)的设计水量。

湖(库)的设计水量一般采用近十年最低月平均水位或 90%保证率最枯月平均水位相应的蓄水量。

根据湖(库)水位资料,求出设计枯水位,其所对应的湖泊(水库)蓄水量即为湖(库)设计水量。

2)计算模型及相关参数

纳污能力计算应根据需要和可能选择合适的数学模型,确定模型的参数,包括扩散系数、综合衰减系数等,并对计算成果进行合理性检验。

(1)模型的选择。

小型湖泊和水库可视为功能区内污染物均匀混合,可采用零维水质模型计算纳污能力。

宽深比不大的中小河流,污染物质在较短的河段内,基本能在断面内均匀混合,断面污染物浓度横向变化不大,可采用一维水质模型计算纳污能力。

对于大型宽阔水域及大型湖泊、水库,宜采用二维水质模型或污染带模型计算纳污能力。

不论采用哪种水质模型,对所采用的模型都要进行检验,模型参数可采用经验法和试验法确定,计算成果需进行合理性分析。

(2)初始浓度值 C_0 的确定。

根据上一个水功能区的水质目标值来确定 C_0,即上一个水功能区的水质目标值就是下一个功能区的初始浓度值 C_0。

(3)水质目标 C_s 值的确定。

水质目标 C_s 值为本功能区的水质目标值。

(4)综合衰减系数的确定。

为简化计算,在水质模型中,将污染物在水环境中的物理降解、化学降解和生物降解概化为综合衰减系数,所确定的污染物综合衰减系数应进行检验。

3)现状污染物入河量

现状污染物入河量以 2011 年实测入河排污口成果为主。2011 年 4 月黄委以黄水源〔2011〕8 号文向黄河流域各省(区)印发《关于开展黄河流域入河排污口核查的通知》和《黄河流域入河排污口核查实施方案》,启动流域入河排污口核查工作。部分区域或水功能区采用实测法、调查统计法和估算法结合供用耗水等成果综合进行,其中采用实测法、调查统计法和估算法的水功能区个数分别占重要水功能区总数的 86.7%、9.25% 和 4.05%。

此外，鉴于黄河是黄河流域各省（区）污染物的最终受纳体，在直接入黄排污口调查的基础上，考虑宁夏、内蒙古等省（区）入黄农业灌溉退水口，以及渭河、汾河等污染严重支流，补充开展了黄河干流纳污量调查；湟水、渭河等重要支流废污水及污染物入河量考虑区域非重要水功能区范围内污染严重支流等综合确定。

3.6.1.2 限制排污总量控制原则

黄河流域限制排污总量分解包括空间分解和时间分解两个部分。

1. 空间分解

考虑黄河流域不同地域水功能区经济社会及技术经济承受水平，按照“流域—省区—地市—水功能区”的原则制定地级行政区所对应的每个水功能区限制排污总量。

（1）水功能区对应的陆域范围属于同一行政区内的，根据水功能区与行政单元对应关系按照“流域—（河流水系）—省区—地市”行政单元进行水功能区限制排污总量方案的制订。

（2）水功能区对应的陆域范围属于不同行政区内的，原则上按照水功能区所在行政区的长度或面积比例进行分解；也可按照不同行政区对水功能区污染长度或面积比例进行分解；也可按照不同行政区对水功能区污染贡献程度及经济发展状况，按不同权重进行水功能区限制排污总量方案的制订。

（3）对于某些地区可能出现的黄河干流与支流、区域与流域等水功能区限制排污总量方案不一致的情况，黄河流域重要水功能区限制排污总量遵从“支流服从干流、区域服从流域”的原则进行制定。

2. 时间分解

按照2015年、2020年和2030年黄河流域水功能区水质达标率分解目标，根据黄河流域水功能区纳污能力、现状年污染物入河量等，综合制定2015年、2020年和2030年黄河流域水功能区限制排污总量控制方案。

1）2015年

a. 实现水功能区目标区域

黄河流域重要水功能区能满足2015年水质目标要求的区域，其入河污染物限排总量原则上按照小于或等于纳污能力进行控制。主要遵循以下原则：

（1）污染物现状入河量比纳污能力小的区域，入河污染物限排总量按照小于或等于污染物现状入河量进行控制。

（2）对于现状水质较好的保护区、省界缓冲区、饮用水水源区及其他重要水功能区，原则上水功能区限排量按照现状入河量进行控制。

（3）对纳污能力有富裕的，未来区域经济社会具有较大发展潜力，国家主体功能区中的西宁—兰州、关中—天水、中原经济区等重点开发区所涉及的大通河下游、渭河天水、伊洛河下游等河段，水功能区限排总量可根据区域经济社会发展及国家节能减排的有关环境政策要求综合制定。

（4）对于由于上游污染导致水功能区现状水质不能达标，应根据水功能区纳污能力确定水功能区污染物限排总量，相邻水功能区污染物限排总量根据本水功能区水质目标实现程度综合制定。

（5）对于现状水质不达标，但现状入河污染物超载纳污能力 30%以下的污染物削减任务较轻的水功能区，水功能区限排总量原则上按照纳污能力进行控制。

b. 未能实现水功能区目标区域

黄河流域重要水功能区不能满足 2015 年水质目标要求的水功能区，主要遵循以下原则：

（1）对于污染物现状入河量比纳污能力超载 30%~50%的水功能区，原则上根据流域水功能区污染治理现状和未来发展趋势，综合确定 2015 年入河污染物削减率为 30%以上，水功能区限排总量基本在 2020 年满足水域纳污能力的要求。

（2）对于污染物现状入河量超载纳污能力 50%以上的污染较重的水功能区，按照从严控制、未来有所改善的要求，确定 2015 年入河污染物削减率为 30%以上，水功能区限排总量基本在 2030 年满足水域纳污能力要求。

（3）对于上游污染导致水功能区现状水质不能达标的，应根据水功能区纳污能力确定水功能区污染物限排总量，相邻水功能区污染物限排总量根据本水功能区水质目标实现程度综合制定。

此外，对于无明确水质目标的排污控制区，根据下游相邻水功能区水质目标综合确定。

2）2020 年

a. 实现水功能区目标区域

黄河流域重要水功能区能满足 2020 年水质目标要求的区域，水功能区入河污染物限排总量按照小于或等于纳污能力进行控制。

（1）对于现状入河量小于纳污能力的区域，水功能区限排总量基本按照 2015 年的原则进行控制。

（2）对于现状入河量比纳污能力超载 50%以下的区域，水功能区限排总量原则上按照纳污能力进行控制。

b. 未能实现水功能区目标区域

（1）对于污染物现状入河量超载纳污能力 50%以上的污染较重的水功能区，2020 年入河污染物量削减率为 50%以上，水功能区限排总量基本在 2030 年满足水域纳污能力要求。

（2）对于上游污染导致水功能区现状水质不能达标的，应根据水功能区纳污能力确定水功能区污染物限排总量，相邻水功能区污染物限排总量根据本水功能区水质目标实现程度综合制定。

3）2030 年

2030 年，综合考虑流域或区域经济社会发展及水污染治理水平等因素，黄河流域重要水功能区入河污染物限排总量按照小于或等于纳污能力进行控制。2030 年后实现水质目标的水功能区视水功能区具体情况综合确定。

3.6.2 规划要求

3.6.2.1 《黄河流域生态保护和高质量发展规划纲要》

《黄河流域生态保护和高质量发展规划纲要》第八章第二节提出“开展黄河干支流入河排污口专项整治行动，加快构建覆盖所有排污口的在线监测系统，规范入河排污口设置审核。严格落实排污许可制度，沿黄所有固定排污源要依法按证排污。”第八章第三节提出“完善城镇污水收集配套管网，结合当地流域水环境目标精准提标，推进干支流沿线城镇污水收集处理效率持续提升和达标排放。”

七里河污水处理厂改扩建工程建设符合黄河流域生态保护和高质量发展规划纲要相关要求。

3.6.2.2 全国水资源保护规划

根据水功能区划及纳污限排要求，对入河排污口设置进行分类管理，将规划水域分为禁止设置排污、严格限制排污、一般限制排污 3 种类型。新建、改建和扩建入河排污口严格执行排污设置申请和分类管理要求；同时按照布局规划对现有入河排污口逐步实施改造，促进陆域有序控源减排。

（1）禁止设置排污水域。禁止设置排污水域为饮用水水源地保护区、跨流域调水水源地及其输水干线、自然保护区、风景名胜区、国家主体功能区划中禁止排入污染物的水域或水功能保护要求很高的水域。在禁止设置排污水域，禁止新建、改建及扩建入河排污口，已经设置的入河排污口，按要求限期关闭或调整至水域外。

（2）严格限制排污水域。与禁止设置排污水域存在密切水力联系的一级支流及部分二级支流、省界缓冲区、具有重要保护意义的保留区、现状污染物入河量超过或接近水域纳污能力的水功能区等。严格限制排污水域内严格控制新建、改建、扩大入河排污口。对污染物入河量已削减至纳污能力范围内或现状污染物入河量小于纳污能力的水域，原则上可在不新增污染物入河量的前提下，按照“以新带老、削老增新”的原则，根据规划和法律要求设置入河排污口。对现状污染物入河量尚未削减至水域纳污能力范围内的水域，原则上不得新建、扩建入河排污口。

（3）一般限制排污水域。除禁止设置排污水域和严格限制排污水域之外的其他水域为一般限制排污水域，一般限制排污水域的现状污染物入河量明显低于水功能区纳污能力。一般限制排污水域内对入河排污口设置应依法设置并符合规划要求。

根据《全国水资源保护规划（2016—2030 年）》，兰州工业景观用水区现状水质为Ⅱ~Ⅲ类，水质相对较好，该水功能区属于一般限制排污水域。七里河安宁污水处理厂入河排污口设置不违背全国水资源保护规划关于入河排污口布局的原则。

3.6.2.3 甘肃省“十四五”生态环境保护规划

1. 建立打通水里和岸上的污染源管理体系

依托排污许可证信息，实施“水体—入河排污口—排污管线—污染源”全链条管理，强化源解析，追溯并落实治污责任。持续削减化学需氧量和氨氮等主要水污染物排放总量，根据水生态环境保护需求，因地制宜加强总磷、总氮排放控制。对水质超标的水功能区，实施更严格的污染物排放总量削减要求；除污水集中处理设施排污口外，应当严格控制新建、改建或者扩大排污口。

2. 深化排污口排查与综合整治

按照“取缔一批、合并一批、规范一批”的要求，加快实施黄河干支流入河排污口分类整治。建立排污口整治销号制度，对需要保留的排污口建立清单，开展日常监督管理。鼓励有条件的地方先行先试，将大中型灌区灌溉退水排污口、规模化畜禽养殖场及养殖小区排污口、规模化水产养殖排污口纳入日常监管。到 2025 年底前，全面完成黄河、长江和西北诸河流域入河排污口排查，基本完成黄河流域入河排污口整治。

七里河安宁污水处理厂改扩建工程入河排污口设置符合甘肃省“十四五”生态环境保护规划的要求。

3.6.3　管理要求

污水处理厂外排污水水质在达到《城镇污水处理厂污染物排放标准》（GB 18918—2002）一级 A 标准的基础上，排污入黄还应满足以下管理要求：

（1）排入黄河的污染物总量应不使纳污水功能区的纳污总量超过其纳污能力。

（2）在正常工况下，污水处理厂排污应不会对下游合法取用水造成实质性影响。

（3）在正常工况下，污水处理厂排污与河段内其他入河排污口的叠加影响应能够控制在黄河兰州过渡区出口—什川桥断面以上。

在满足上述入河排污口设置管理要求的基础上，污水处理厂排污亦应满足当地生态环境部门的有关要求。

3.7　重要第三方概况

3.7.1　兰州城区沿黄景观带

在七里河安宁污水处理厂入黄排污口下游黄河沿岸分布有黄河风情线城市景观带。该景观带由黄河生态湿地、近水公园、滨水广场、桥梁枢纽、特色文化风情等多种景观模式组成。

3.7.2　排污口下游主要取水口

七里河安宁污水处理厂排污口下游取水口主要以农业灌溉取水为主，少部分用于工业用水。下游的兰州市大砂沟电灌管理处取水口，取水 90%以上用于农业灌溉和绿化。

3.7.3　黄河水川吊桥地表水城市供水水源地

黄河水川吊桥地表水城市供水水源地位于黄河白银饮用工业用水区，为白银市饮用工业水源，距离七里河安宁污水处理厂入黄排污口约 72 km。近年来，该水源地常年水质类别为Ⅱ～Ⅲ类。现有 3 个取水口，包括白银公司一水源、二水源和白银市动力公司水源，其中白银公司一水源因受东大沟排污影响，仅作为工业水源。

第 4 章　入河排污口设置影响分析

本章对纳污水功能区黄河兰州工业景观用水区的 COD、氨氮纳污总量进行分析。

4.1　水功能区纳污总量分析

4.1.1　黄河兰州工业景观用水区纳污能力

根据表 3-20 计算结果，黄河兰州工业景观用水区 COD、氨氮纳污能力分别为 13 479.0 t/a、401.9 t/a。

4.1.2　黄河兰州工业景观用水区纳污总量分析

根据第 3 章中对纳污水域水功能区纳污状况的分析可知，包括七里河安宁污水处理厂现有入河排污口在内，黄河兰州工业景观用水区主要入河排污口有 8 个。这 8 个入河排污口合计，COD、氨氮入河排污总量分别为 4 087.3 t/a、315.4 t/a。对于 COD 和氨氮，黄河兰州工业景观用水区尚有纳污容量可以接纳排污。

4.2　对水功能区水质影响历史实测资料分析

兰州市污水处理监管中心近年来委托黄河上游水环境监测中心对深沟入黄排污口近场水域开展监测。

本节以七里河安宁污水处理厂为例，对该厂入河排污口（即深沟入黄口）近场黄河水域 2018—2021 年水质调查监测结果进行统计分析，了解排污对水功能区水质的实际影响。

需要特别说明的是，对于补做入河排污口设置论证的案例，如果缺少系统完整的实测资料，应开展补充调查监测。

4.2.1　入河排污近场水域水质调查监测

4.2.1.1　监测断面

在深沟入黄排污口近场水域共布设了 3 个监测断面（7 个测点），即入黄口上游 1 000 m（左、中、右）、入黄口处、入黄口下游 1 000 m（左、中、右）。各监测断面布设位置见图 4-1。

4.2.1.2　监测因子

基本监测项目包括水温、pH、电导率、悬浮物、色度、总磷、总氮、COD、五日生化需氧量、氨氮、总氰化物、硫化物、挥发酚、阴离子表面活性剂、六价铬、总铬、

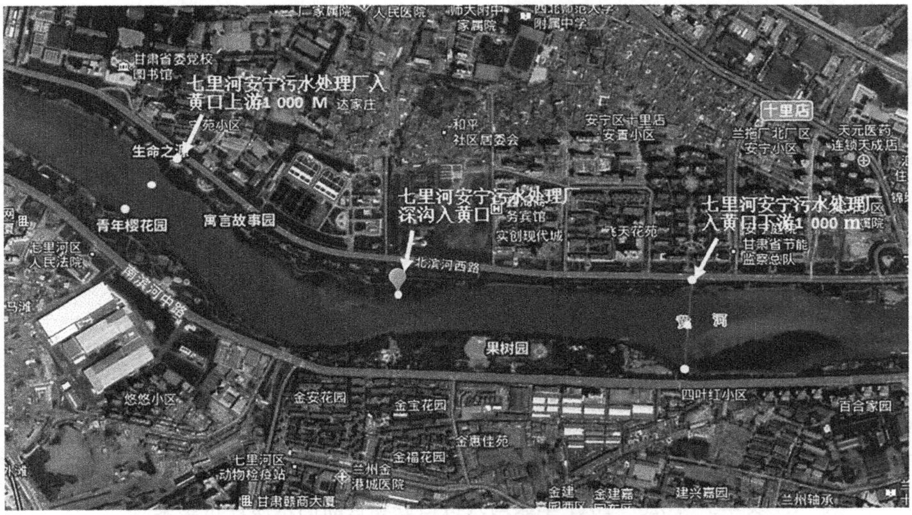

图 4-1　深沟入黄口近场水质监测断面（点位）布设示意图

砷、汞、石油类、氟化物、粪大肠菌群等 21 项。

4.2.1.3　监测时间及频次

每月开展监测 1 次，每次连续监测 3 d，每天采样检测 1 次。

4.2.2　监测结果评价分析

依照《地表水环境质量标准》(GB 3838—2002)，采用单因子评价法对各测点水质进行评价，结果见表 4-1～表 4-3。由表 4-1～表 4-3 可以看到，深沟入黄口下游近场断面各测点水质均为Ⅱ类。

因此，仅就监测期间的水质状况来看，七里河安宁污水处理厂通过深沟排污入黄并未对黄河水质造成明显影响。

表 4-1　2018 年深沟入黄口近场各断面水质评价结果

断面名称		2018 年											
		1 月	2 月	3 月	4 月	5 月	6 月	7 月	8 月	9 月	10 月	11 月	12 月
入黄口上游 1 000 m	左	Ⅱ	Ⅱ	Ⅱ	Ⅱ	Ⅱ	Ⅱ	Ⅱ	Ⅱ	Ⅱ	Ⅱ	Ⅱ	Ⅱ
	中	Ⅱ	Ⅱ	Ⅱ	Ⅱ	Ⅱ	Ⅱ	Ⅱ	Ⅱ	Ⅱ	Ⅱ	Ⅱ	Ⅱ
	右	Ⅱ	Ⅱ	Ⅱ	Ⅱ	Ⅱ	Ⅱ	Ⅱ	Ⅱ	Ⅱ	Ⅱ	Ⅱ	Ⅱ
入黄口	中	劣Ⅴ	劣Ⅴ	劣Ⅴ	劣Ⅴ	劣Ⅴ	劣Ⅴ	劣Ⅴ	劣Ⅴ	劣Ⅴ	劣Ⅴ	劣Ⅴ	劣Ⅴ
入黄口下游 1 000 m	左	Ⅱ	Ⅱ	Ⅱ	Ⅱ	Ⅱ	Ⅱ	Ⅱ	Ⅱ	Ⅱ	Ⅱ	Ⅱ	Ⅱ
	中	Ⅱ	Ⅱ	Ⅱ	Ⅱ	Ⅱ	Ⅱ	Ⅱ	Ⅱ	Ⅱ	Ⅱ	Ⅱ	Ⅱ
	右	Ⅱ	Ⅱ	Ⅱ	Ⅱ	Ⅱ	Ⅱ	Ⅱ	Ⅱ	Ⅱ	Ⅱ	Ⅱ	Ⅱ

表 4-2 2019 年深沟入黄口近场各断面水质评价结果

断面名称		2019 年											
		1月	2月	3月	4月	5月	6月	7月	8月	9月	10月	11月	12月
入黄口上游 1 000 m	左	Ⅱ	Ⅱ	Ⅱ	Ⅱ	Ⅱ	Ⅱ	Ⅱ	Ⅱ	Ⅱ	Ⅱ	Ⅱ	Ⅱ
	中	Ⅱ	Ⅱ	Ⅱ	Ⅱ	Ⅱ	Ⅱ	Ⅱ	Ⅱ	Ⅱ	Ⅱ	Ⅱ	Ⅱ
	右	Ⅱ	Ⅱ	Ⅱ	Ⅱ	Ⅱ	Ⅱ	Ⅱ	Ⅱ	Ⅱ	Ⅱ	Ⅱ	Ⅱ
入黄口	中	劣Ⅴ	Ⅴ	劣Ⅴ	Ⅴ	劣Ⅴ	劣Ⅴ	Ⅴ	Ⅴ	Ⅴ	Ⅴ	劣Ⅴ	劣Ⅴ
入黄口下游 1 000 m	左	Ⅱ	Ⅱ	Ⅱ	Ⅱ	Ⅱ	Ⅱ	Ⅱ	Ⅱ	Ⅱ	Ⅱ	Ⅱ	Ⅱ
	中	Ⅱ	Ⅱ	Ⅱ	Ⅱ	Ⅱ	Ⅱ	Ⅱ	Ⅱ	Ⅱ	Ⅱ	Ⅱ	Ⅱ
	右	Ⅱ	Ⅱ	Ⅱ	Ⅱ	Ⅱ	Ⅱ	Ⅱ	Ⅱ	Ⅱ	Ⅱ	Ⅱ	Ⅱ

表 4-3 2020—2021 年深沟入黄口近场各断面水质评价结果

断面名称		2020												2021 年
		1月	2月	3月	4月	5月	6月	7月	8月	9月	10月	11月	12月	1月
入黄口上游 1 000 m	左	Ⅱ	Ⅱ	Ⅱ	Ⅱ	Ⅱ	Ⅱ	Ⅱ	Ⅱ	Ⅱ	Ⅱ	Ⅱ	Ⅱ	Ⅱ
	中	Ⅱ	Ⅱ	Ⅱ	Ⅱ	Ⅱ	Ⅱ	Ⅱ	Ⅱ	Ⅱ	Ⅱ	Ⅱ	Ⅱ	Ⅱ
	右	Ⅱ	Ⅱ	Ⅱ	Ⅱ	Ⅱ	Ⅱ	Ⅱ	Ⅱ	Ⅱ	Ⅱ	Ⅱ	Ⅱ	Ⅱ
入黄口	中	劣Ⅴ	劣Ⅴ	Ⅴ	劣Ⅴ	Ⅴ	Ⅳ	Ⅳ	Ⅳ	Ⅳ	Ⅴ	Ⅳ	Ⅴ	Ⅱ
入黄口下游 1 000 m	左	Ⅱ	Ⅱ	Ⅱ	Ⅱ	Ⅱ	Ⅱ	Ⅱ	Ⅱ	Ⅱ	Ⅱ	Ⅱ	Ⅱ	Ⅱ
	中	Ⅱ	Ⅱ	Ⅱ	Ⅱ	Ⅱ	Ⅱ	Ⅱ	Ⅱ	Ⅱ	Ⅱ	Ⅱ	Ⅱ	Ⅱ
	右	Ⅱ	Ⅱ	Ⅱ	Ⅱ	Ⅱ	Ⅱ	Ⅱ	Ⅱ	Ⅱ	Ⅱ	Ⅱ	Ⅱ	Ⅱ

4.3 对水功能区水质影响一维解析水质模型分析

4.3.1 模型参数确定

依据《水域纳污能力计算规程》（GB/T 25173—2010），选择一维水质模型，以七里河安宁污水处理厂为例，分析该厂入河排污口与区段内其他主要 5 个排污口对黄河下游论证范围内各二级水功能区水质的叠加影响。具体模型如下：

$$C_s = \frac{M + C_0 Q \exp\left(-K\dfrac{X'}{86.4u}\right)}{(Q+q)\exp\left(K\dfrac{X'}{86.4u}\right)} \tag{4-1}$$

式中 C_s——排污口下游某断面处污染物浓度值，mg/L；

X——排污口至下游某断面的距离，km；

X'——排污口至上游对照断面的距离，km；
M——污染物入河量，g/s；
C_0——排污口上游对照断面污染物浓度，mg/L；
q——污水入河流量，m^3/s；
K——污染物综合降解系数，1/d；
Q——河道设计流量，m^3/s；
u——河道设计流量条件下的流速（设计流速），m/s。

4.3.1.1　影响分析范围

以西固污水处理厂入河排污口上游 500 m 处作为对照断面，分别以黄河兰州段国控、省控断面作为控制断面进行分析。影响分析范围内各断面信息见表 4-4。

表 4-4　影响分析范围内各断面信息

断面名称	距起点/km	说明
西固污水处理厂大金沟入黄排污口上游 500 m	0	背景断面
西固污水处理厂大金沟入黄排污口	4.0	
市政油污干管小金沟入黄排污口	4.5	
七里河安宁污水处理厂入黄排污口	8.4	
七里河桥	10.4	兰州工业景观用水区代表断面、控制断面
中山桥	15.4	兰州工业景观用水区代表断面、控制断面
盐场污水处理厂入黄排污口	20.2	
兰州碧桂园污水处理站入黄排污口	24.0	
雁儿湾污水处理厂入黄排污口	28.3	
包兰桥	30.3	兰州排污控制区终止断面、控制断面

续表 4-4

断面名称	距起点/km	说明
什川桥	53.9	兰州过渡区出口削减断面
大峡大坝	81.0	皋兰农业用水区出口、白银饮用工业用水区进口、重要第三方影响分析断面

4.3.1.2 **控制因子**

根据七里河安宁污水处理厂水污染物排放特征，结合水功能区及控制单元水质管理需要，选择 COD、氨氮、BOD_5、总磷及总氮 5 项为模型分析控制因子。

4.3.1.3 **设计流量与设计流速**

按照《水域纳污能力计算规程》（GB/T 25173—2010），设计流量一般采用近 10 年最枯月平均流量。鉴于黄河上游近十年来水偏丰，本次按照黄河兰州段生态流量底线要求 350 m^3/s 进行模型预测，对应的设计流速为 0.83 m/s。

4.3.1.4 **设计水温**

设计水温取兰州水文站近 30 年（1991—2020 年）最低日均水温 0.8 ℃。

4.3.1.5 **污染物综合降解系数**

污染物综合降解系数是反映水体中污染物降解速度快慢的重要参数。降解系数越大，污染物衰减越快。污染物在水体中的降解不仅过程复杂，而且影响因素众多，降解过程包括物理净化过程（稀释混合、沉降、吸附、絮凝）、化学净化过程（分解化合、酸碱反应、氧化还原）和生物净化过程（生物分解、生物转化、生物富集）等，这些过程往往同时进行，过程长短不一，对污染物降解作用大小不等。

污染物综合降解系数主要通过水团追踪试验、实测资料反推、类比等方法确定。在《黄河流域综合规划》（2012—2030 年）中，对纳污河段的降解系数进行了研究，确定出 COD 的综合降解系数年均值为 0.20 d^{-1}，氨氮的综合降解系数年均值为 0.18 d^{-1}。本书运用此研究成果，并根据设计水温条件对该综合降解系数进行修正。

对于兰州河段五日生化需氧量的综合降解系数，《黄河重点河段水功能区划及入河污染物总量控制方案研究》项目对国内外 24 条河流的经验值进行了统计。本书参考其研究成果，并结合兰州河段实际情况，经综合分析，确定兰州河段五日生化需氧量的综合降解系数年均值为 0.3 d^{-1}，并根据设计水温条件对该综合降解系数进行修正。

总磷的综合降解系数根据 2014 年 9 月项目组在黄河兰州段采用 MIKE 二维模型的率定结果，总磷综合降解系数年均值为 0.08 d^{-1}，总氮综合降解系数年均值为 0.05 d^{-1}。

国内外研究成果表明，水体温度越高，降解系数就越大，且二者之间定量关系已经有较为可靠的研究成果，不同水温条件下 K 值估算关系式如下：

$$K_T = K_{20} 1.047^{(T-20)} \tag{4-2}$$

式中 K_T ——T ℃时的 K 值，d^{-1}；

T ——水温，℃；

K_{20}——20 ℃时的 K 值，d^{-1}。

计算出设计水温（取最低日均水温 0.8 ℃）条件下各控制因子的降解系数，见表 4-5。

表 4-5　各控制因子的降解系数　单位：d^{-1}

设计条件	降解系数
COD	0.08
氨氮	0.07
BOD_5	0.12
TP	0.08
TN	0.05

4.3.1.6　上游背景浓度

取新城桥断面 2016—2022 年水质最大值、平均值及 90th 百分位值进行模型分析。各控制因子的上游背景浓度值见表 4-6。

表 4-6　各控制因子的上游背景浓度　单位：mg/L

控制因子	COD	氨氮	BOD_5	TP	TN
90th 百分位值	12.3	0.35	1.5	0.07	2.72
平均值	10.1	0.20	1.13	0.042	1.88
最大值	14.7	0.48	1.9	0.09	3.93

4.3.2　模拟工况选择

4.3.2.1　正常工况条件

1. 设计污染物排放浓度

以现行水污染物排放浓度控制标准限值作为正常工况设计排污浓度，以分析现行排污控制标准能否满足纳污水域水质管理需要。正常工况各控制因子设计排污浓度见表 4-7。

表 4-7　正常工况各控制因子设计排污浓度　单位：mg/L

控制因子	COD	氨氮	BOD_5	TP	TN
设计排污浓度	50	5	10	0.5	15
说明	《城镇污水处理厂污染物排放标准》（GB 18918—2002）一级 A 标准				

2. 设计排污水量

2021 年 12 月，国家发展和改革委员会在《黄河流域水资源节约集约利用实施方案》中指出，到 2025 年，黄河流域上游地级及以上缺水城市再生水利用率达到 25%以上，中下游力争达到 30%。考虑到上述要求，按照现有污水处理工程设计处理能力条件下的排放量及回用25%后的排放量作为设计排污水量，分别为30万 m^3/d、22.5万 m^3/d。

4.3.2.2 事故工况条件

城镇污水处理厂工程发生环境风险事故的可能环节及由此产生的影响方式主要有以下几方面。

1. 管道破裂

排污管道突然破裂，生活污水随处溢流，将会给周围环境造成较大的影响。另外，污水或污泥处理系统的设备发生故障，使污水处理能力降低，出水水质下降或污泥不能及时浓缩、脱水，引起污泥发酵，储泥池爆满，散发恶臭。

2. 进水水质剧烈变化

在收水范围内，工厂排污不正常致使进厂水质负荷突增，或有毒有害物质误入管网，造成生物滤池的微生物活性下降或被毒害，影响污水处理效率。

3. 突发性外部事故

由于一些不可抗拒的外部原因，如发生停电、突发性自然灾害等，造成污水处理设施停止运行，大量未经处理的污水直接排放，这将是污水处理厂非正常排放的极限情况。

综合以上可能发生的环境风险事故，事故工况主要考虑两种情况：一种是最极端情况，即假设七里河安宁污水处理厂所有进水全部未经处理而直接排放，以七里河安宁污水处理厂2019—2021年进水水质实测最大值作为设计污染物排放浓度；另一种是出现概率较大的情况，即处理效率降低至50%设计处理率，具体设计指标见表4-8。

表4-8 事故工况设计污染物排放浓度

控制因子	COD	氨氮
设计处理效率/%	94.2	88.9
污染物排放浓度1（进水水质最大值）/（mg/L）	2 386	74.8
污染物排放浓度2（50%设计处理率）/（mg/L）	1 262.2	41.6

事故工况下，七里河安宁污水处理厂设计排污水量仍按照其设计处理规模确定，即30万 m^3/d。

4.3.2.3 其他排污口工况条件

河段内其他主要5个排污口的工况条件见表4-9。其中，西固、盐场、雁儿湾污水处理厂分别按照工程设计处理能力条件下的排放量及回用25%后的排放量作为设计排污水量。

表 4-9　其他排污口工况条件

其他排污口	设计排污水量/(m^3/d)	设计污染物排放浓度/(mg/L)				
		COD	氨氮	BOD_5	TP	TN
兰州石化小金沟	33 670	60	5.0	20	1.1	40
西固污水处理厂	100 000/75 000	50	5.0	10	0.5	15
盐场污水处理厂	75 000/56 250	50	5.0	10	0.5	15
兰州碧桂园污水处理站	8 000	50	5.0	10	0.5	15
雁儿湾污水处理厂	300 000/225 000	50	5.0	10	0.5	15

4.3.2.4　模拟工况确定

根据各项设计条件，共确定模拟工况 8 种，见表 4-10。

表 4-10　模拟工况列表

工况	正常工况	事故工况
工况一	按设计排放量、达一级 A 标准排放，上游来水水质按 2016—2022 年实测 90th 百分位值	
工况二	按设计排放量、达一级 A 标准排放，上游来水水质按 2016—2022 年实测最大值	
工况三	按设计排放量、达一级 A 标准排放，上游来水水质按 2016—2022 年实测平均值	
工况四	按设计排放量回用 25%、达一级 A 标准排放，上游来水水质按 2016—2022 年实测 90th 百分位值	
工况五	按设计排放量回用 25%、达一级 A 标准排放，上游来水水质按 2016—2022 年实测最大值	
工况六	按设计排放量回用 25%、达一级 A 标准排放，上游来水水质按 2016—2022 年实测平均值	
工况七		进水未经处理直接排放，上游来水按 2016—2022 年实测平均值
工况八		进水 50%设计处理率，上游来水按 2016—2022 年实测平均值

4.3.3 模型预测结果与分析

4.3.3.1 正常工况

正常工况模型预测结果见表4-11。正常工况模型预测结果浓度趋势变化见图4-2~图4-7。

表4-11 正常工况模型预测结果 单位：mg/L

工况	断面	COD	氨氮	BOD_5	TP	TN
工况一	大金沟上游500 m	12.30	0.35	1.50	0.070	2.72
	西固排污口	12.24	0.35	1.49	0.070	2.71
	小金沟	12.36	0.36	1.52	0.071	2.75
	七里河排污口	12.36	0.35	1.53	0.072	2.79
	七里河桥	12.71	0.40	1.61	0.076	2.91
	中山桥	12.64	0.40	1.59	0.076	2.89
	盐场排污口	12.57	0.40	1.58	0.075	2.88
	兰州碧桂园排污口	12.61	0.41	1.58	0.076	2.91
	雁儿湾排污口	12.56	0.41	1.67	0.079	2.87
	包兰桥	12.90	0.45	1.75	0.083	3.02
	什川桥	12.51	0.44	1.68	0.081	2.96
	大峡大坝	12.13	0.43	1.60	0.078	2.91
工况二	大金沟上游500 m	14.70	0.48	1.90	0.090	3.93
	西固排污口	14.63	0.48	1.89	0.090	3.92
	小金沟	14.74	0.49	1.91	0.091	3.95
	七里河排污口	14.71	0.48	1.91	0.091	3.98
	七里河桥	15.03	0.53	1.98	0.095	4.09
	中山桥	14.95	0.52	1.97	0.094	4.07
	盐场排污口	14.87	0.52	1.95	0.094	4.06
	兰州碧桂园排污口	14.89	0.53	1.95	0.095	4.08
	雁儿湾排污口	14.83	0.53	2.04	0.097	4.03
	包兰桥	15.14	0.58	2.11	0.101	4.17
	什川桥	14.69	0.56	2.03	0.099	4.09
	大峡大坝	14.24	0.55	1.94	0.096	4.01

续表 4-11

工况	断面	COD	氨氮	BOD_5	TP	TN
工况三	大金沟上游 500 m	10.10	0.20	1.13	0.042	1.88
	西固排污口	10.05	0.20	1.12	0.042	1.87
	小金沟	10.18	0.22	1.15	0.043	1.92
	七里河排污口	10.19	0.20	1.16	0.044	1.96
	七里河桥	10.57	0.25	1.25	0.049	2.08
	中山桥	10.51	0.25	1.24	0.049	2.08
	盐场排污口	10.45	0.25	1.23	0.048	2.07
	兰州碧桂园排污口	10.50	0.26	1.23	0.049	2.10
	雁儿湾排污口	10.46	0.26	1.32	0.053	2.07
	包兰桥	10.83	0.31	1.40	0.057	2.22
	什川桥	10.50	0.30	1.35	0.055	2.18
	大峡大坝	10.19	0.29	1.29	0.054	2.14
工况四	大金沟上游 500 m	12.30	0.35	1.50	0.070	2.72
	西固排污口	12.24	0.35	1.49	0.070	2.71
	小金沟	12.33	0.36	1.51	0.071	2.74
	七里河排污口	12.33	0.35	1.52	0.072	2.78
	七里河桥	12.58	0.39	1.58	0.075	2.86
	中山桥	12.51	0.38	1.57	0.074	2.85
	盐场排污口	12.44	0.38	1.56	0.074	2.84
	兰州碧桂园排污口	12.46	0.39	1.56	0.074	2.86
	雁儿湾排污口	12.41	0.39	1.62	0.077	2.83
	包兰桥	12.66	0.43	1.67	0.080	2.94
	什川桥	12.28	0.42	1.61	0.078	2.89
	大峡大坝	11.91	0.41	1.54	0.075	2.83

续表 4-11

工况	断面	COD	氨氮	BOD_5	TP	TN
工况五	大金沟上游 500 m	14.70	0.48	1.90	0.090	3.93
	西固排污口	14.63	0.48	1.89	0.090	3.92
	小金沟	14.71	0.49	1.90	0.091	3.94
	七里河排污口	14.68	0.48	1.90	0.091	3.97
	七里河桥	14.92	0.51	1.96	0.093	4.05
	中山桥	14.83	0.51	1.94	0.093	4.04
	盐场排污口	14.75	0.51	1.93	0.093	4.02
	兰州碧桂园排污口	14.75	0.52	1.93	0.093	4.03
	雁儿湾排污口	14.69	0.52	1.99	0.095	3.99
	包兰桥	14.92	0.55	2.04	0.098	4.10
	什川桥	14.47	0.54	1.96	0.095	4.02
	大峡大坝	14.04	0.52	1.87	0.093	3.95
工况六	大金沟上游 500 m	10.10	0.20	1.13	0.042	1.88
	西固排污口	10.05	0.20	1.12	0.042	1.87
	小金沟	10.14	0.21	1.14	0.043	1.91
	七里河排污口	10.16	0.20	1.16	0.044	1.94
	七里河桥	10.43	0.24	1.22	0.047	2.04
	中山桥	10.38	0.24	1.21	0.047	2.03
	盐场排污口	10.32	0.24	1.20	0.047	2.03
	兰州碧桂园排污口	10.35	0.25	1.20	0.048	2.04
	雁儿湾排污口	10.31	0.25	1.27	0.050	2.03
	包兰桥	10.58	0.28	1.33	0.053	2.14
	什川桥	10.26	0.28	1.28	0.052	2.10
	大峡大坝	9.95	0.27	1.22	0.050	2.06

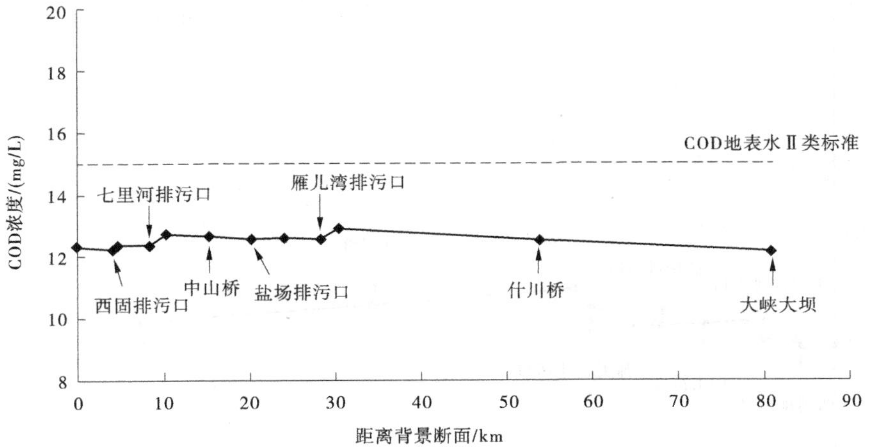

(a)按COD一级A标准50 mg/L、上游来水12.3 mg/L排放

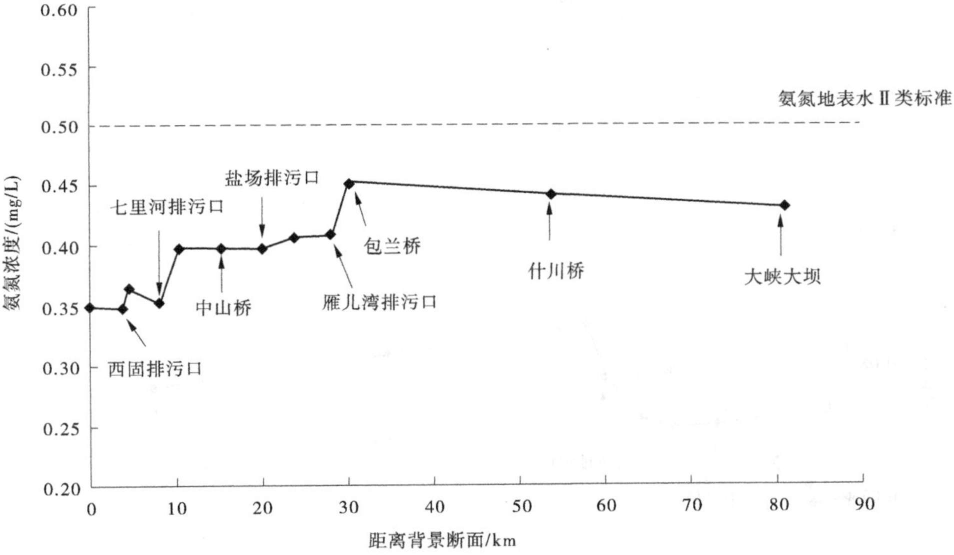

(b)按氨氮一级A标准5 mg/L、上游来水0.35 mg/L排放

图4-2 工况一（设计排放量30万 m^3/d）情况下各因子浓度沿程分布

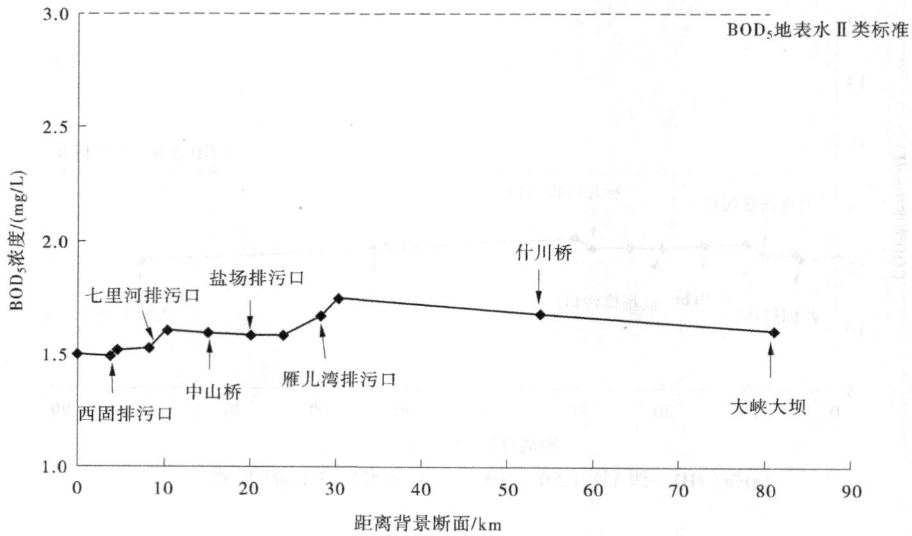

(c)按BOD_5一级A标准10 mg/L、上游来水1.5 mg/L排放

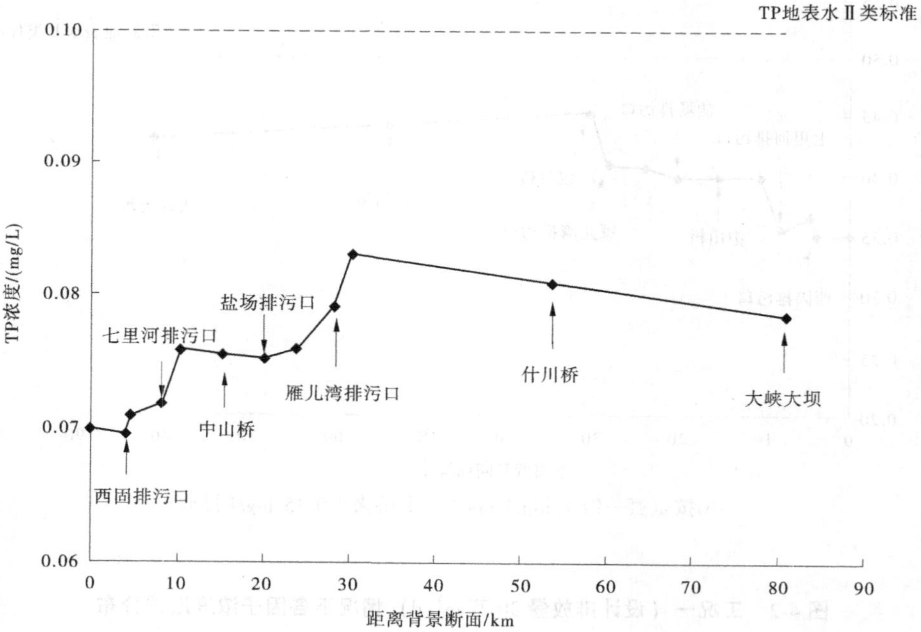

(d)按TP一级A标准0.5 mg/L、上游来水0.07 mg/L排放

续图 4-2

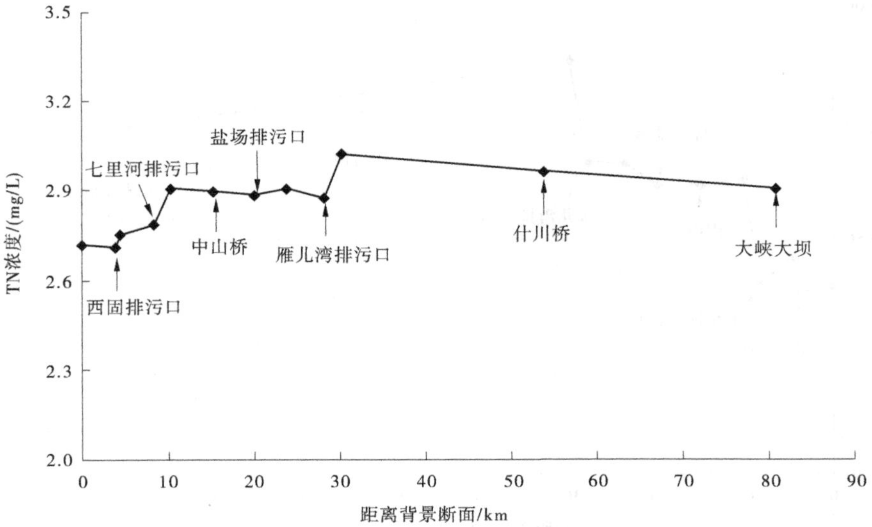

(e)按TN一级A标准15 mg/L、上游来水2.72 mg/L排放

续图 4-2

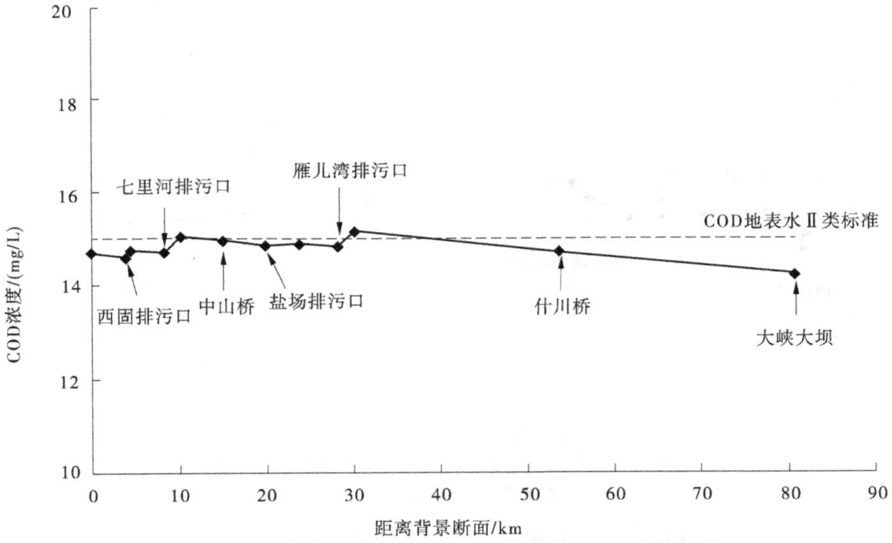

(a)按COD一级A标准50 mg/L、上游来水14.7 mg/L排放

图 4-3　工况二（设计排放量 30 万 m^3/d）情况下各因子浓度沿程分布

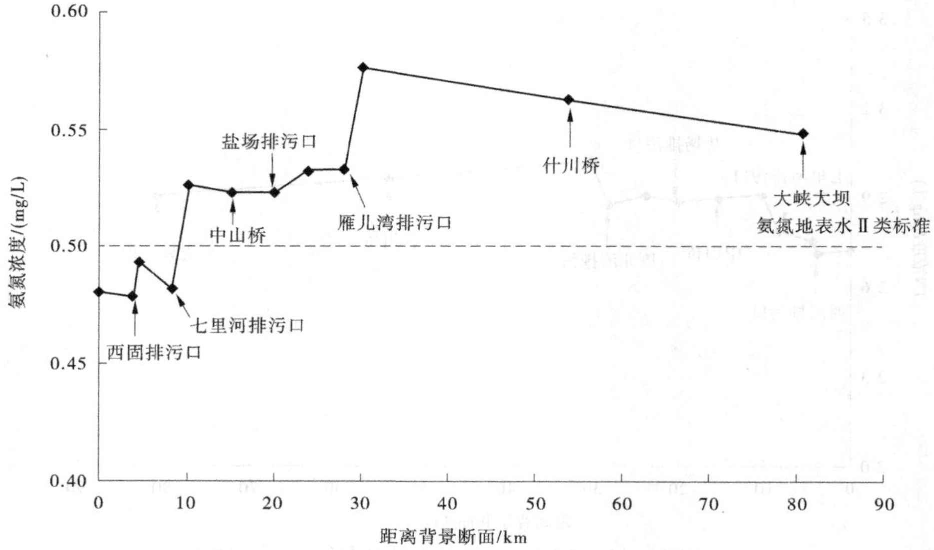

(b)按氨氮一级A标准5 mg/L、上游来水0.48 mg/L排放

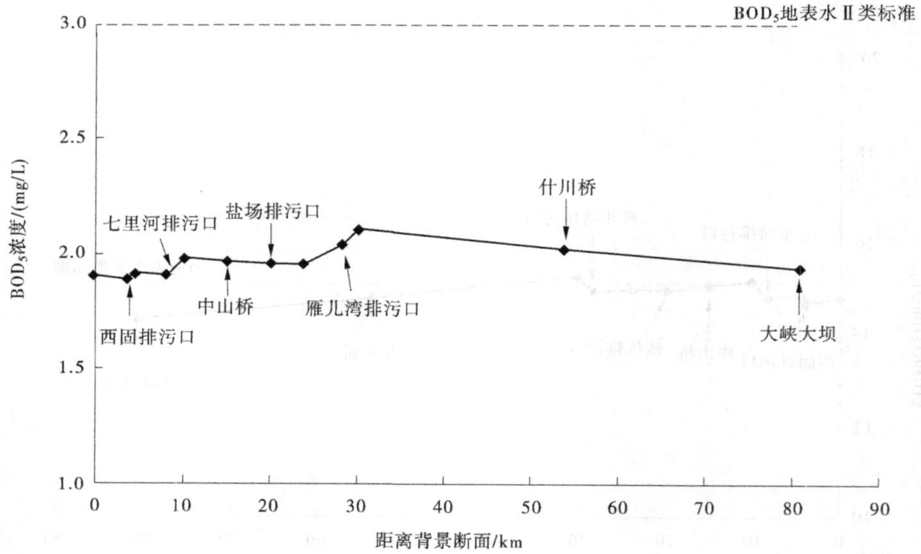

(c)按BOD_5一级A标准10 mg/L、上游来水1.9 mg/L排放

续图 4-3

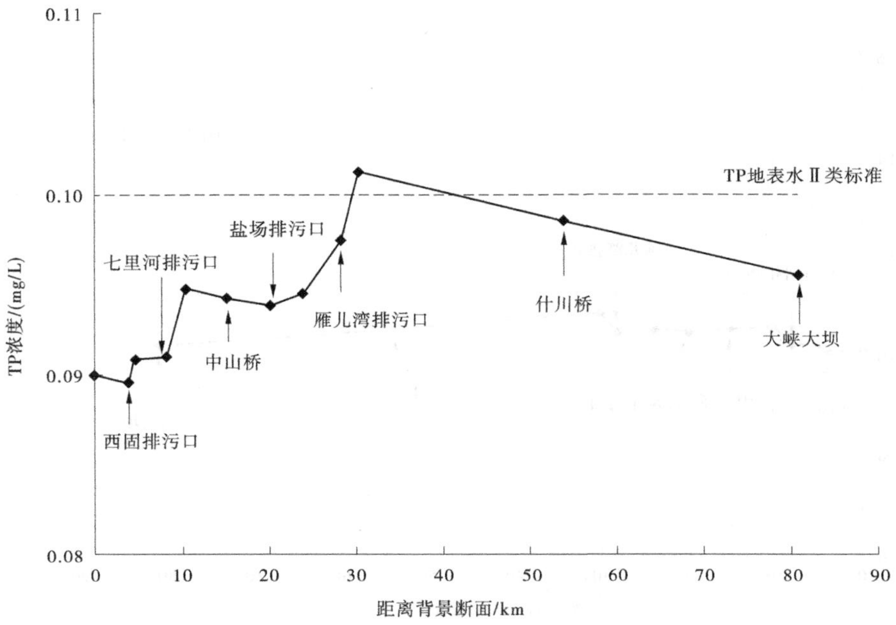

(d)按TP一级A标准0.5 mg/L、上游来水0.09 mg/L排放

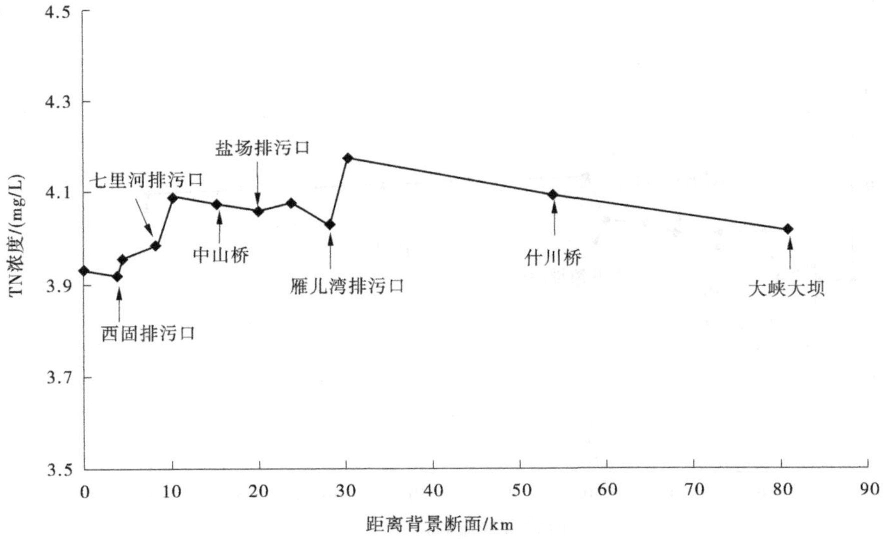

(e)按TN一级A标准15 mg/L、上游来水3.93 mg/L排放

续图 4-3

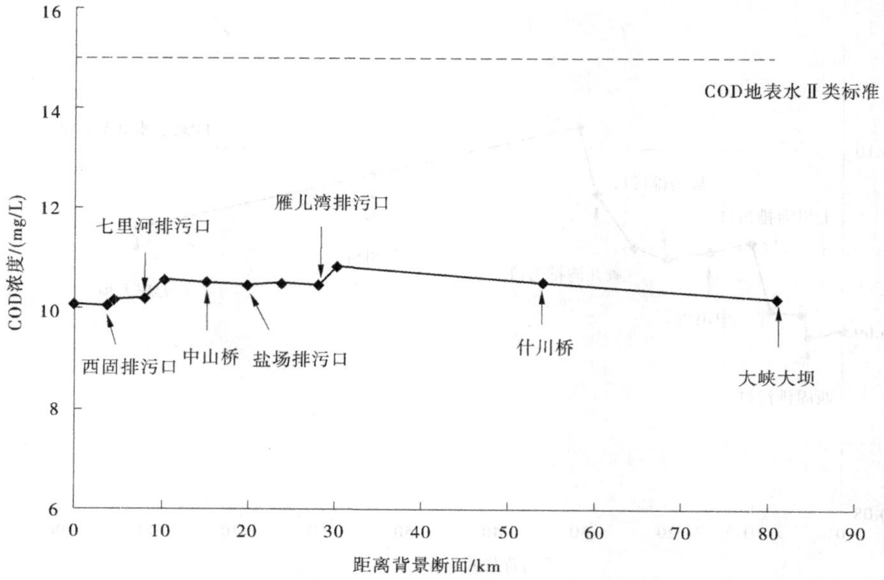

(a)按COD一级A标准50 mg/L、上游来水10.1 mg/L排放

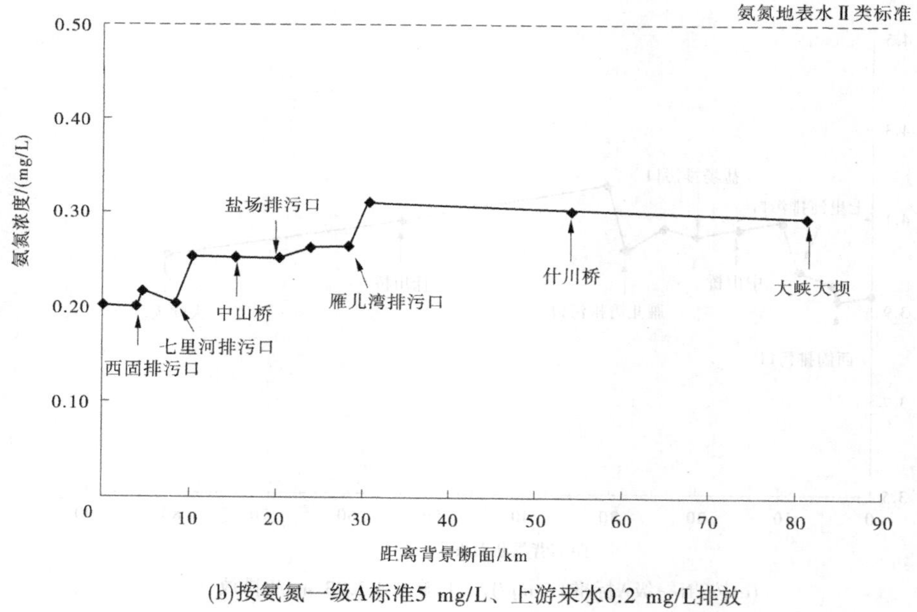

(b)按氨氮一级A标准5 mg/L、上游来水0.2 mg/L排放

图 4-4 工况三（设计排放量 30 万 m^3/d）情况下各因子浓度沿程分布

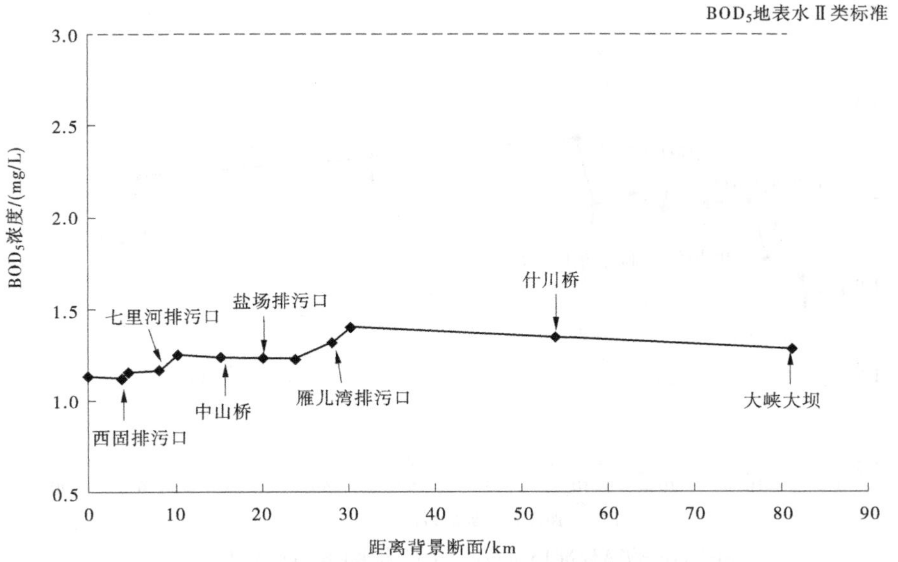

(c)按BOD_5一级A标准10 mg/L、上游来水1.13 mg/L排放

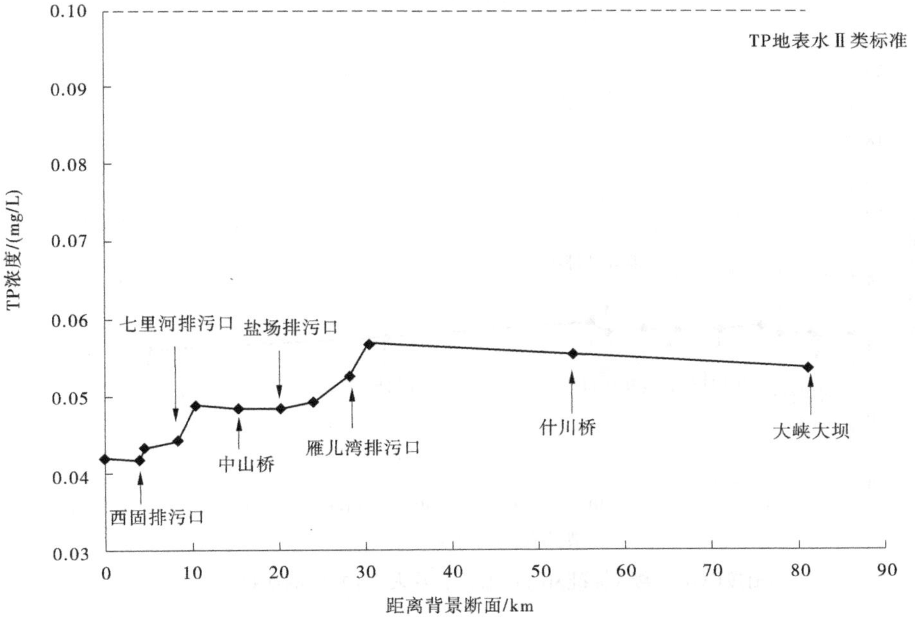

(d)按TP一级A标准0.5 mg/L、上游来水0.042 mg/L排放

续图 4-4

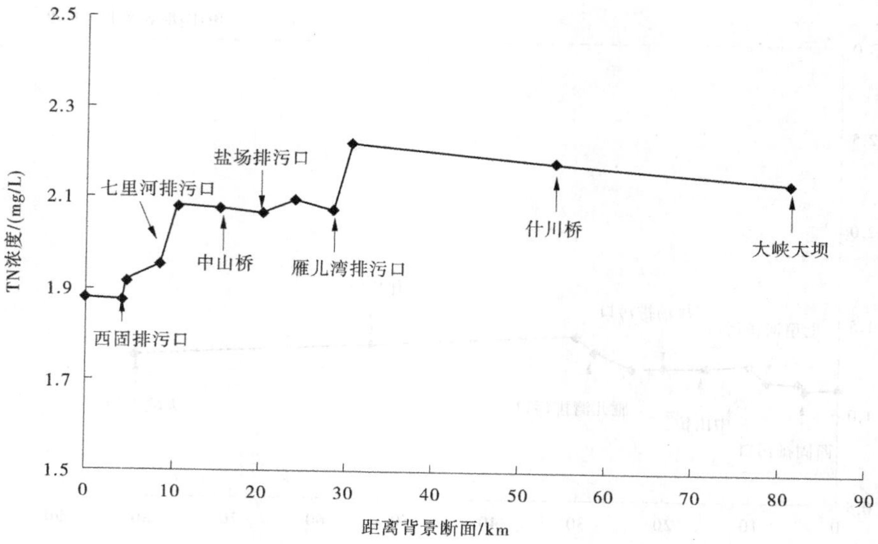

(e)按TN一级A标准15 mg/L、上游来水1.88 mg/L排放

续图 4-4

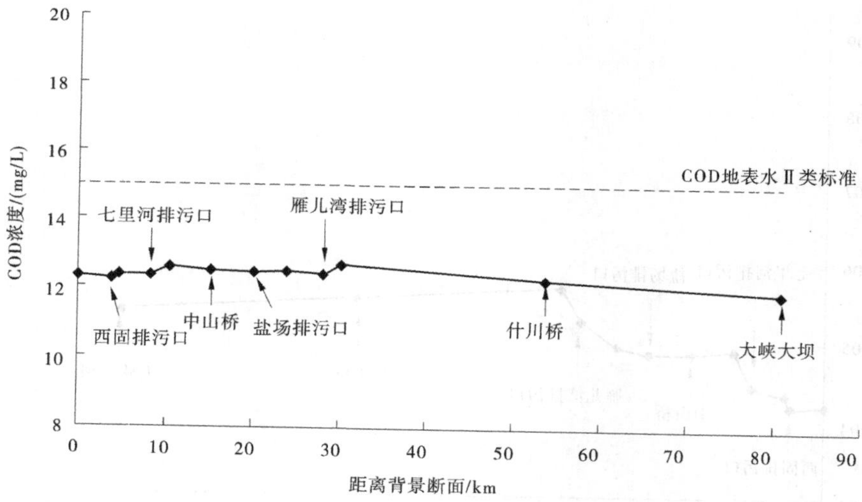

(a)按COD一级A标准50 mg/L、上游来水12.3 mg/L排放

图 4-5　工况四（回用 25%排放量 22.5 万 m^3/d）情况下各因子浓度沿程分布

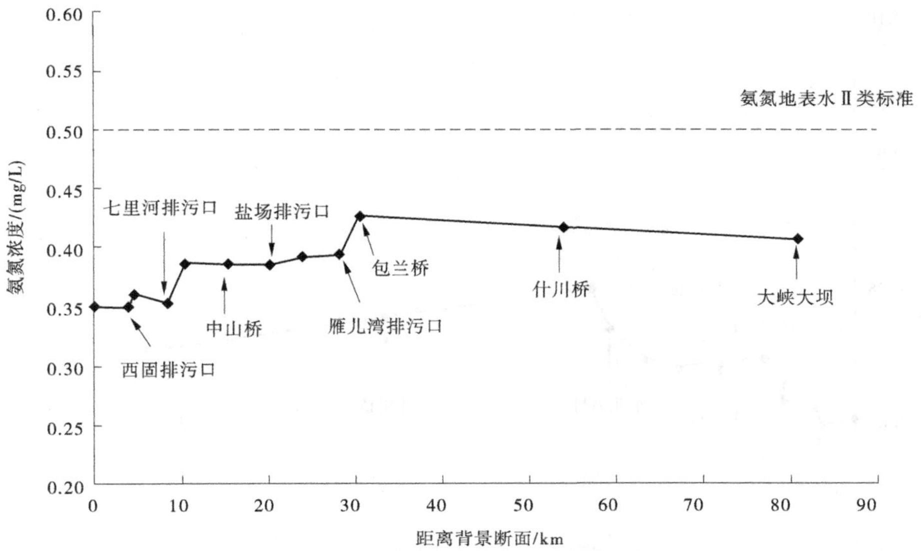

(b)按氨氮一级A标准5 mg/L、上游来水0.35 mg/L排放

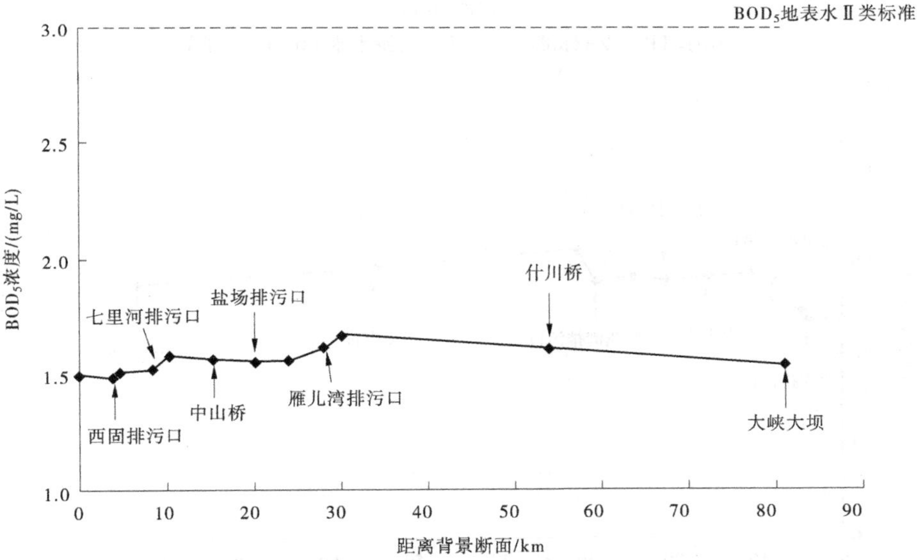

(c)按BOD_5一级A标准10 mg/L、上游来水1.5 mg/L排放

续图 4-5

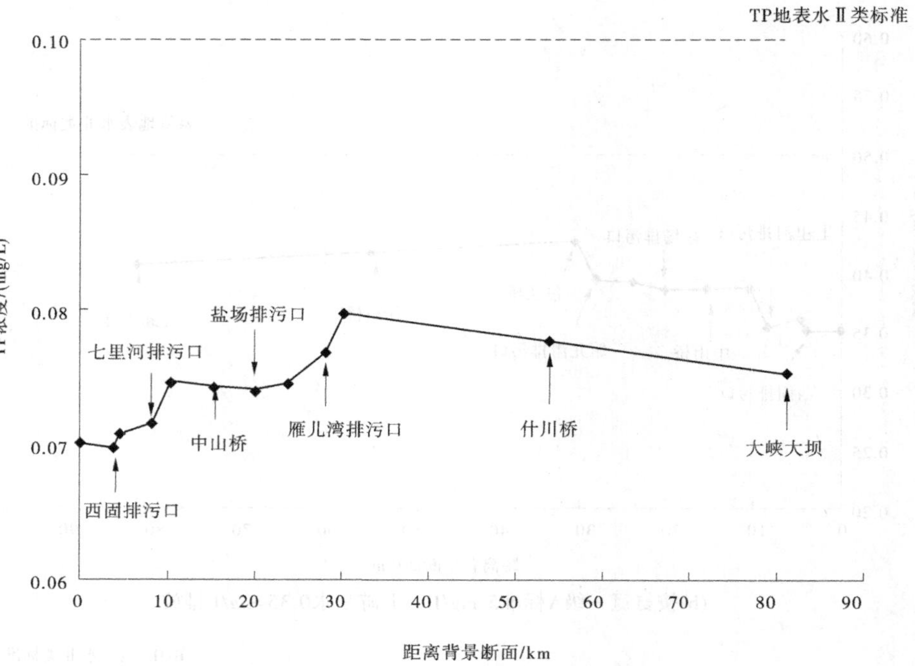

(d)按TP一级A标准0.5 mg/L、上游来水0.07 mg/L排放

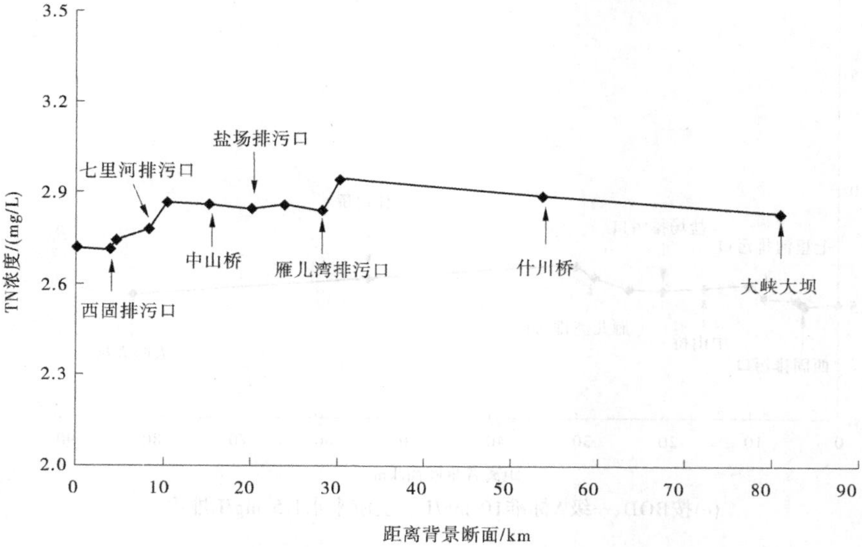

(e)按TN一级A标准15 mg/L、上游来水2.72 mg/L排放

续图 4-5

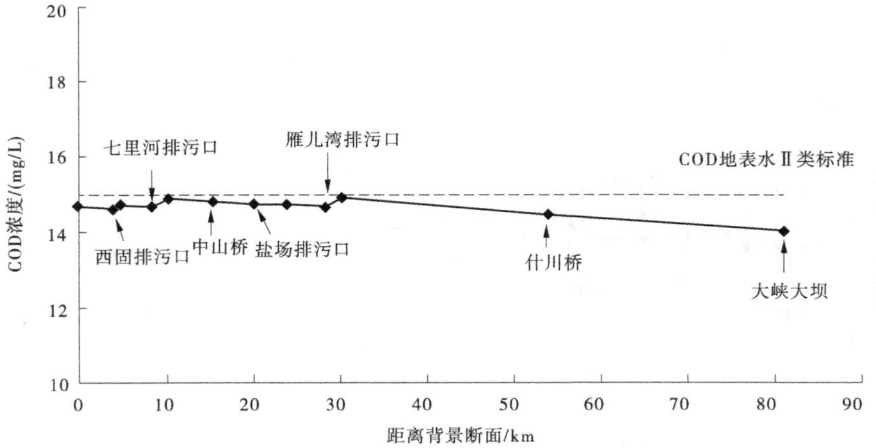

(a)按COD一级A标准50 mg/L、上游来水14.7 mg/L排放

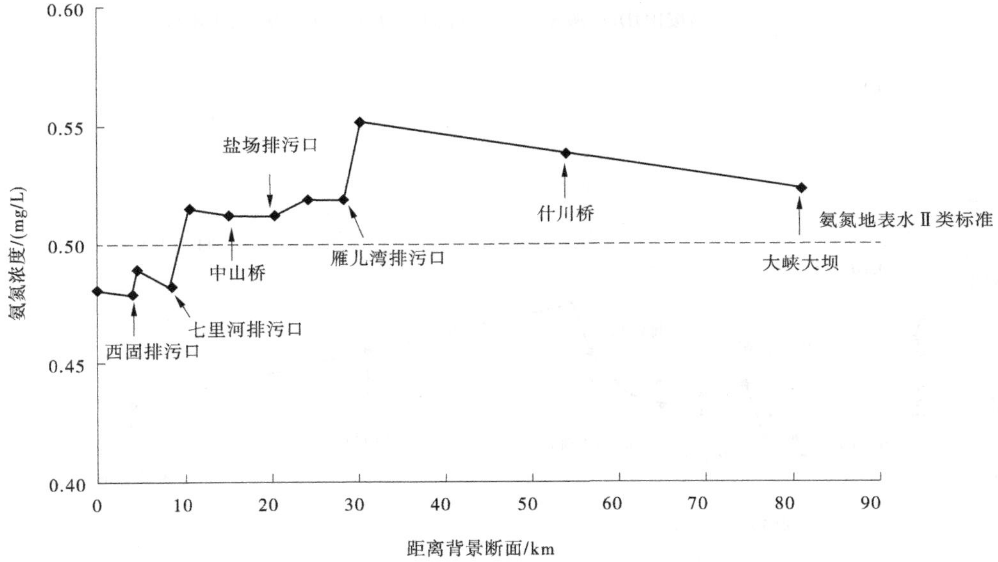

(b)按氨氮一级A标准5 mg/L、上游来水0.48 mg/L排放

图 4-6　工况五（回用 25%排放量 22.5 万 m^3/d）情况下各因子浓度沿程分布

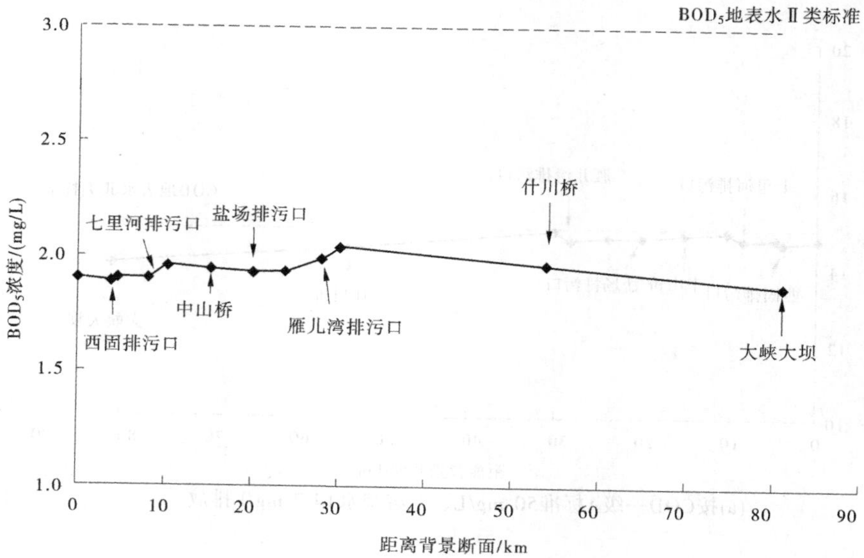

(c)按BOD_5一级A标准10 mg/L、上游来水1.9 mg/L排放

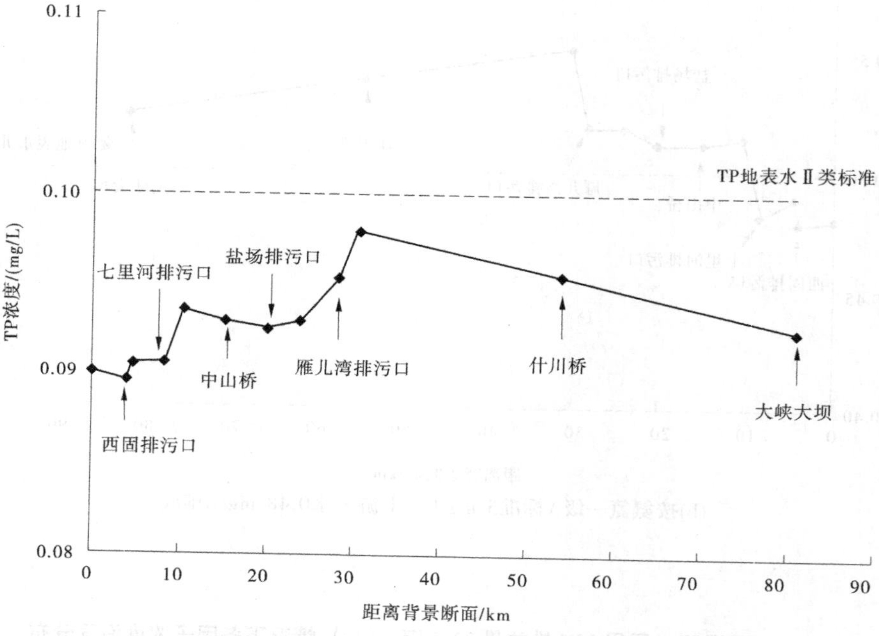

(d)按TP一级A标准0.5 mg/L、上游来水0.09 mg/L排放

续图 4-6

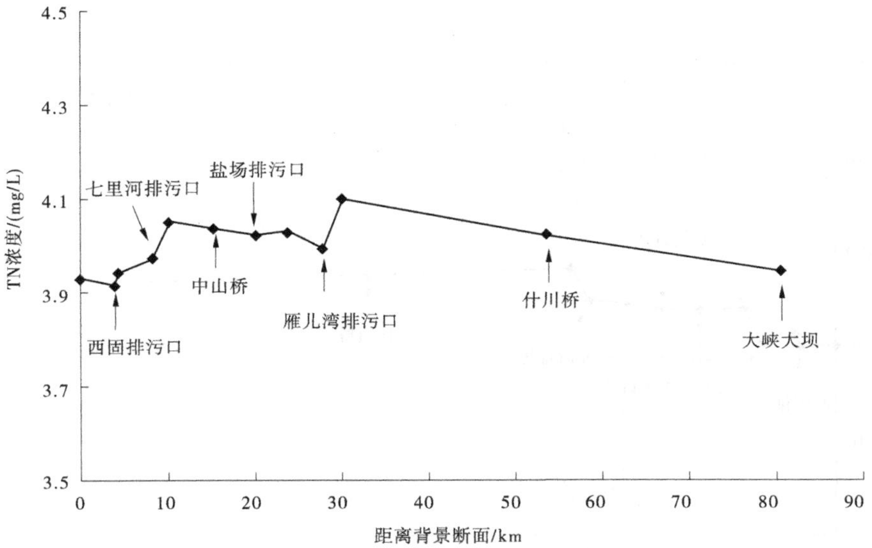

(e)按TN一级A标准15 mg/L、上游来水3.93 mg/L排放

续图 4-6

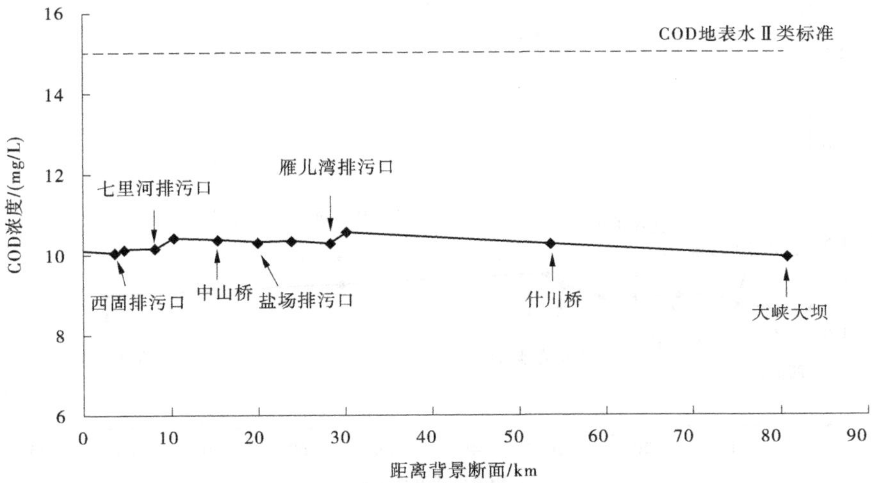

(a)按COD一级A标准50 mg/L、上游来水10.1 mg/L排放

图 4-7　工况六（回用 25%排放量 22.5 万 m^3/d）情况下各因子浓度沿程分布

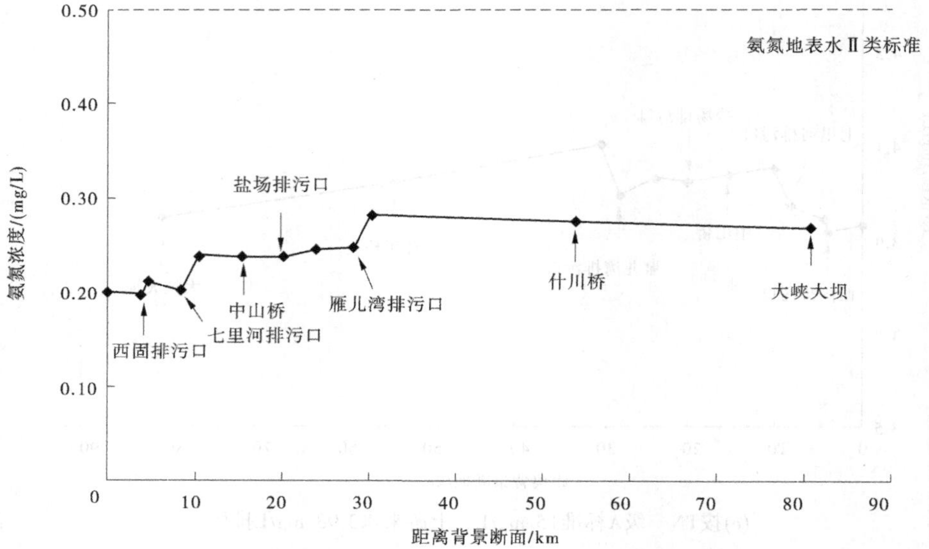

(b)按氨氮一级A标准5 mg/L、上游来水0.2 mg/L排放

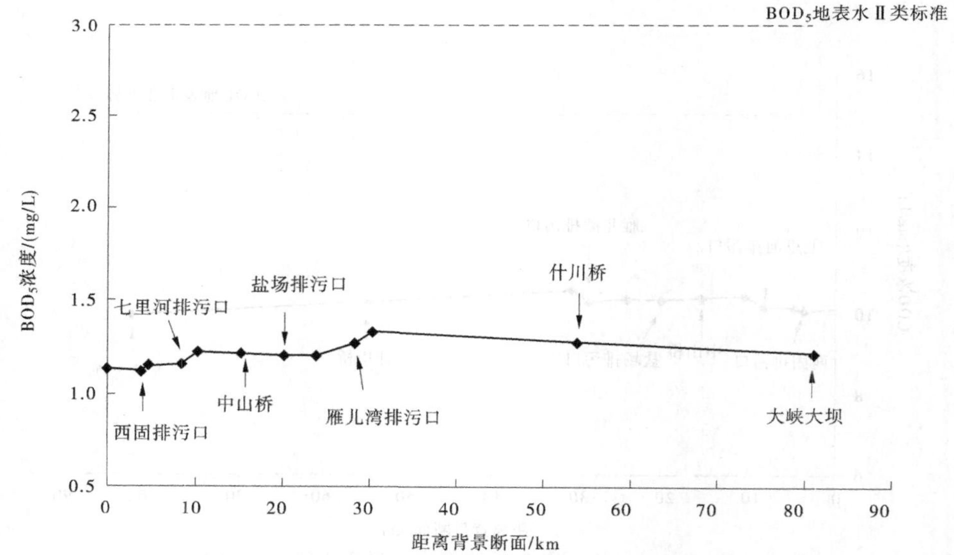

(c)按BOD_5一级A标准10 mg/L、上游来水1.13 mg/L排放

续图 4-7

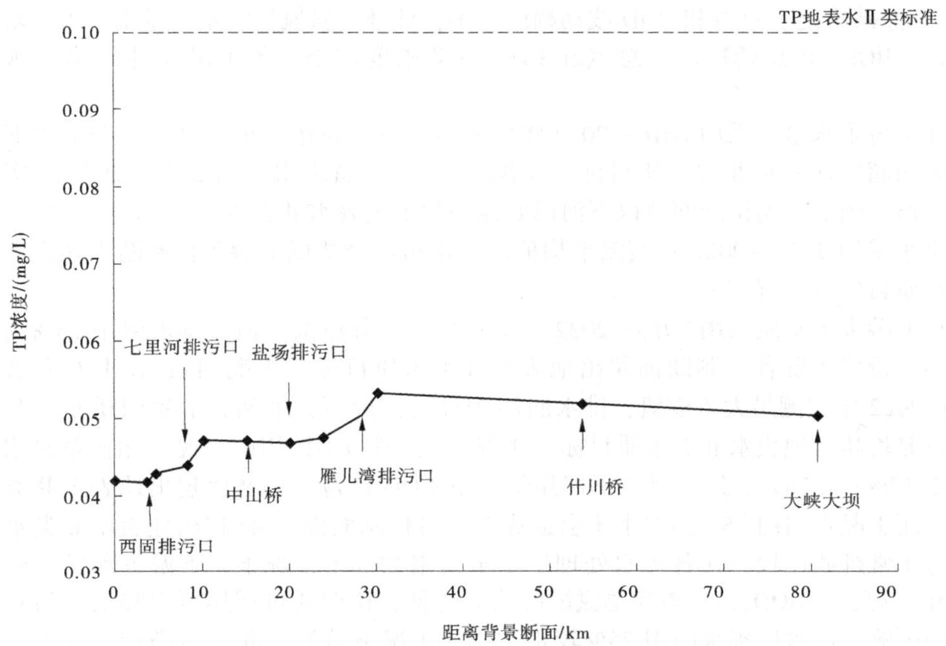

(d)按TP一级A标准0.5 mg/L、上游来水0.042 mg/L排放

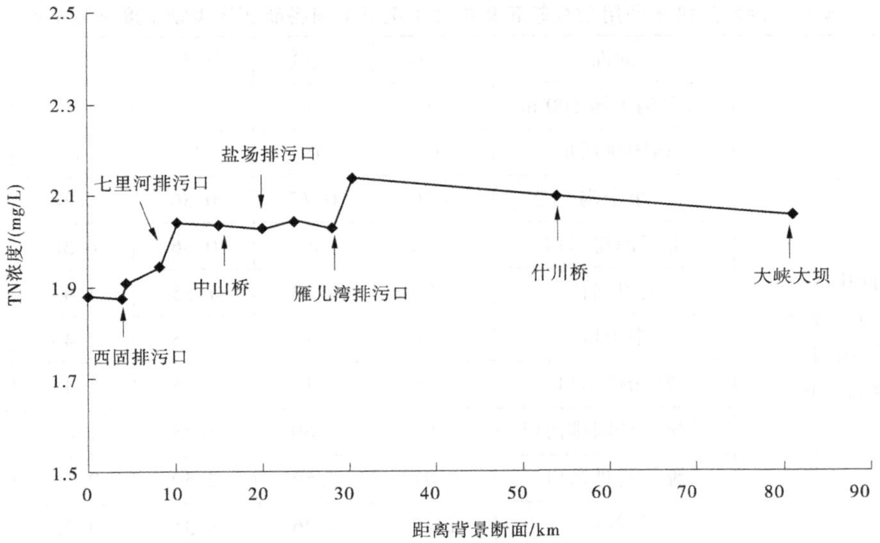

(e)按TN一级A标准15 mg/L、上游来水1.88 mg/L排放

续图 4-7

从各正常工况的影响预测结果来看，氨氮受上游来水水质情况影响较为明显，BOD_5 和总磷次之，总氮和 COD 波动幅度较小；此外，氨氮受污水厂排水量大小影响较为明显，BOD_5 和总磷次之，总氮和 COD 波动幅度较小。各工况条件影响预测分析如下：

在上游来水水质采用 2016—2022 年实测 90th 百分位浓度值，排污不会造成下游各控制断面超出地表水Ⅱ类水质目标（工况一）；在上游来水采用 2016—2022 年实测最大浓度值，到七里河桥断面及以下河段氨氮均超出地表水Ⅱ类水质目标（工况二）；在上游来水采用 2016—2022 年实测平均值时，排污不会造成下游各控制断面超出地表水Ⅱ类水质目标（工况三）。

在上游来水水质采用 2016—2022 年实测 90th 百分位浓度值，排水回用 25%的情况下，不会造成下游各控制断面超出地表水Ⅱ类水质目标（工况四）；在上游来水采用 2016—2022 年实测最大浓度值，排水回用 25%的情况下，虽然到七里河桥断面及以下河段氨氮均超出地表水Ⅱ类水质目标（工况五），但与不回用的工况二相比氨氮浓度降低了 2.13%～4.26%。且工况二不回用情况下 COD 在包兰桥断面超出地表水Ⅱ类水质目标，而工况六回用 25%情况下不会造成下游各控制断面 COD 超出地表水Ⅱ类水质目标。与正常排放比较，在各污水处理厂排水回用 25%的情况下，下游各断面主要污染物 COD、氨氮、BOD_5、总磷和总氮浓度均有降低，说明通过回用可以降低排污对下游断面的影响。污水厂排水回用 25%较正常排放工况下黄河各断面污染物浓度下降情况见表 4-12；在上游来水水质采用 2016—2022 年实测平均值，排水回用 25%的情况下，排污不会造成下游各控制断面超出地表水Ⅱ类水质目标（工况六）。

表 4-12　污水厂排水回用 25%较正常排放工况下黄河各断面污染物浓度下降情况　%

	断面	COD	氨氮	BOD_5	总磷	总氮
排水回用 25%后下游各断面污染物浓度下降百分比	大金沟上游 500 m	0	0	0	0	0
	西固排污口	0	0	0	0	0
	小金沟	0.20	0.77	0.36	0.38	0.24
	七里河排污口	0.20	0	0.36	0.38	0.23
	七里河桥	0.78	2.13	1.35	1.43	0.89
	中山桥	0.78	2.13	1.35	1.43	0.89
	盐场排污口	0.78	2.13	1.35	1.43	0.89
	兰州碧桂园排污口	0.92	2.60	1.35	1.67	1.05
	雁儿湾排污口	0.91	2.59	2.50	2.36	0.81
	包兰桥	1.45	4.26	3.31	3.22	1.67
	什川桥	1.45	4.26	3.31	3.22	1.67
	大峡大坝	1.45	4.26	3.31	3.22	1.67

4.3.3.2　事故工况

事故工况模型预测结果见表 4-13。

表 4-13　事故工况排污影响预测结果　单位：mg/L

工况	断面	COD	氨氮	BOD_5	总磷	总氮
工况七	大金沟上游 500 m	10.10	0.20	1.13	0.042	1.88
	西固排污口	10.05	0.20	1.12	0.042	1.87
	小金沟	10.18	0.22	1.15	0.043	1.92
	七里河排污口	10.19	0.20	1.16	0.044	1.96
	七里河桥	33.77	0.95	1.25	0.049	2.08
	中山桥	33.58	0.95	1.24	0.049	2.08
	盐场排污口	33.40	0.95	1.23	0.048	2.07
	兰州碧桂园排污口	33.30	0.95	1.23	0.049	2.10
	雁儿湾排污口	33.14	0.95	1.32	0.053	2.07
	包兰桥	33.24	0.99	1.40	0.057	2.22
	什川桥	32.23	0.97	1.35	0.055	2.18
	大峡大坝	31.26	0.94	1.29	0.054	2.14
工况八	大金沟上游 500 m	10.10	0.20	1.13	0.042	1.88
	西固排污口	10.05	0.20	1.12	0.042	1.87
	小金沟	10.18	0.22	1.15	0.043	1.92
	七里河排污口	10.19	0.20	1.16	0.044	1.96
	七里河桥	22.93	0.62	1.25	0.049	2.08
	中山桥	22.80	0.61	1.24	0.049	2.08
	盐场排污口	22.68	0.61	1.23	0.048	2.07
	兰州碧桂园排污口	22.65	0.62	1.23	0.049	2.10
	雁儿湾排污口	22.55	0.62	1.32	0.053	2.07
	包兰桥	22.77	0.66	1.40	0.057	2.22
	什川桥	22.08	0.65	1.35	0.055	2.18
	大峡大坝	21.41	0.63	1.29	0.054	2.14

从事故工况预测结果来看，在上游来水采用 2016—2022 年实测平均值的条件下排污，七里河安宁污水处理厂事故污水未经处理全部排入黄河，到七里河桥断面及以下河段 COD、氨氮均超出地表水Ⅱ类水质目标（工况七）。在上游来水采用 2016—2022 年实测平均值条件下排污，七里河安宁污水处理厂事故 50%污水未经处理全部排入黄河，到七里河桥断面及以下河段 COD、氨氮均超出地表水Ⅱ类水质目标（工况八）。

七里河安宁污水处理厂事故污水的排放可能影响到白银饮用工业用水区的城市供水。

4.4 对水功能区水质影响 MIKE 模型分析

MIKE 系列模型软件是由丹麦水利研究所（DHI）开发的河流一维、二维水环境数学模型，能够实现研究区域的水动力和水质综合模拟，建立污染源与河流水质之间的定量响应关系，对各种水文设计条件和排污工况下的入河排污影响进行预测。本章节将 MIKE 模型在七里河安宁污水处理厂一期工程的入河排污口设置论证（2016 年）中的应用方法进行简要介绍，以供广大读者掌握 MIKE 模型在入河排污口设置论证中的具体应用方法，由于该模型采用的数据源自 2016 年七里河安宁污水处理厂一期工程的入河排污口设置论证项目，与 4.2 章节和 4.3 章节的数据不匹配，预算结果不可对比。本书对 2016 年论证期间选取的一维解析水质模型、MIKE 21 二维水动力水质模型和 MIKE 11 一维水动力水质模型预测结果进行了对比分析，发现解析模型与 MIKE 模型的预测结果一致性较好，相对偏差在 15%以内。这与黄河兰州段的河道地形和水动力条件有一定关系。因 MIKE 11 模型充分考虑了河道地形、水动力条件等对污染物输移、扩散、降解等的影响，模拟结果更为精确，但前提是需要断面勘测数据和大量水质实测数据支撑，且需要专业人员建模。在参数选取得当的情况下，一维解析模型在黄河兰州段也不失为一种快速简便的预测方法。

4.4.1 入河排污口近区模拟与预测

以七里河安宁污水处理厂为例，针对该厂入河排污口近区，采用 MIKE 21 软件搭建二维水动力水质模型，通过率定确定模型参数，预测排污口近区在不同来水条件下的水质变化趋势以及正常排放和事故排放工况下的水质变化趋势。

4.4.1.1 排污口近区二维水动力水质模型搭建

模型计算范围从西固污水处理厂大金沟排污口上游 8 km 处至雁儿湾污水处理厂排污口下游 8 km 处，模拟河道长度约为 43 km，如图 4-8 所示。

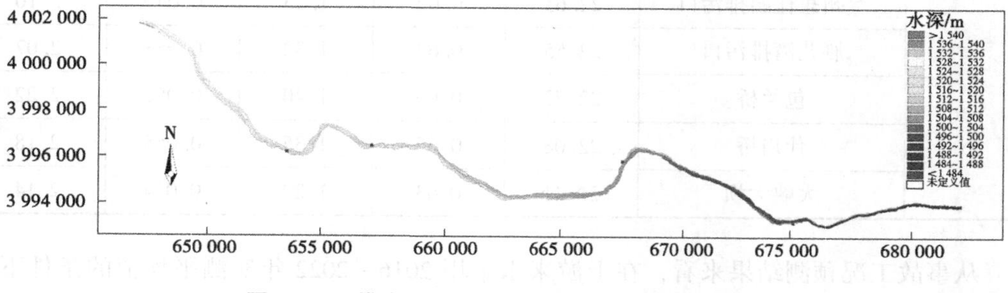

图 4-8 二维水动力模型范围地形 （单位：m）

计算域内网格数为 33 892 个，网格单元尺度按离排污口的距离采取渐进加密设置。网格边长范围为 2~30 m，如图 4-9 所示。网格岸线和水下地形高程来自于断面测量数据及卫星图片。

大断面测量共布设 27 个断面。西固污水厂排污口布设 1 个断面，在下游 100 m、1 000 m、1 500 m、2 000 m、2 500 m、3 000 m 布设 6 个断面。油污干管小金沟入黄排

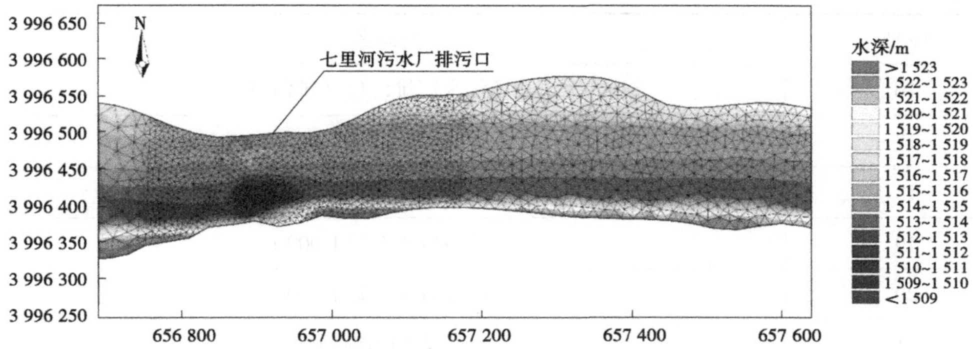

图 4-9　深沟入黄口处细部网格图　（单位：m）

污口布设 1 个断面。七里河安宁污水厂排污口布设 1 个断面，在下游 100 m、200 m、700 m、1 200 m、3 000 m 布设 5 个断面。盐场污水厂排污口布设 1 个断面，在下游 100 m、500 m、1 000 m、1 500 m 布设 4 个断面。雁儿湾污水厂排污口布设 1 个断面，在下游 100 m、2 000 m 布设 2 个断面。兰州水文站、青白石、包兰桥、包兰桥下游 7 km、什川吊桥处各布设 1 个断面。勘测断面名称对照见表 4-14。

表 4-14　勘测断面名称对照

序号	断面名称
1	西固污水厂排污口（排污口 1）
2	排污口 1 下游 100 m
3	小金沟入黄排污口处
4	排污口 1 下游 1 000 m
5	排污口 1 下游 1 500 m
6	排污口 1 下游 2 000 m 河道拐弯处
7	排污口 1 下游 2 500 m
8	排污口 1 下游 3 000 m
9	七里河安宁污水处理厂排污口（排污口 2）
10	排污口 2 下游 100 m
11	排污口 2 下游 200 m
12	排污口 2 下游 700 m
13	排污口 2 下游 1 200 m
14	排污口 2 下游 3 000 m
15	兰州断面（水文站）

续表 4-14

序号	断面名称
16	盐场污水厂排污口（排污口 3）
17	排污口 3 下游 100 m
18	排污口 3 下游 500 m 河道拐弯处
19	排污口 3 下游 1 000 m
20	排污口 3 下游 1 500 m
21	青白石断面
22	雁儿湾污水厂排污口（排污口 4）
23	排污口 4 下游 100 m
24	包兰桥
25	排污口 4 下游 2 000 m
26	包兰桥下游 7 km 河道拐弯处
27	什川吊桥

（1）模型水力边界条件。

模型上游边界为西固污水处理厂大金沟排污口上游 8 km 处，下游边界为雁儿湾污水处理厂排污口下游 8 km 处。上游水动力边界采用实测的流量数据，下游水动力边界采用实测的水位数据。

（2）模型水质边界条件。

模型参数率定过程中，模拟河段上下游的水质边界均采用论证期间补充调查的实测数据。

（3）糙率系数。

计算水域的糙率是综合影响因素，是数值计算中十分重要的参数，与水深、床面形态、植被条件等因素有关。由于黄河兰州河段河床处于黄河中上游，河流梯级阶地发展不明显，河道断面基本以均布砾石为主，断面糙率分布均匀，故采用固定曼宁系数，系数取值为 36.5。

（4）涡黏系数。

涡黏系数采用 Smagorinsky 公式估算，相应 Smagorinsky 系数取值为 0.28 m^2/s。

（5）时间步长。

根据模型网格大小、水深条件动态调整模型计算时间步长，使 CFL 数小于 0.8，满足模型稳定的要求，计算时步长在 0.01~30 s。

对于笛卡儿坐标下的浅水方程式，Courant-FriedrichLevy（CFL）数定义为

$$CFL_{HD} = \left(\sqrt{gh} + |u|\right)\frac{\Delta t}{\Delta x} + \left(\sqrt{gh} + |v|\right)\frac{\Delta t}{\Delta y} \tag{4-3}$$

式中　h——总水深；

u、v——流速在 x 和 y 方向的分量；

g——重力加速度；

Δx、Δy——x 和 y 方向的特征长度；

Δt——时间间距；

Δx、Δy——三角形网格的最小边长。

水深和流速值则是发生在三角形的中心。

4.4.1.2　排污口近区二维水质模型参数敏感性分析

在污染物对流扩散模型中，除了已经率定好的水动力参数：流速、流向、水位、水深及 CFL 数等数值外，影响物质浓度的参数主要为降解系数与扩散系数。其中，不同污染物指标降解系数通过兰州河段长年研究所得，在此对扩散系数取值进行了敏感性分析。

在 MIKE 21 模型中，扩散系数采用与涡黏系数成比例变化的关系式来表征，单位为 1。以 COD 为研究对象，在固定的降解速率条件下，自然状态下模型扩散系数与涡黏系数存在线性关系，其线性比值范围为 1~1.1。分别选取扩散系数与涡黏系数比例比值为 1 和 1.1 两种情况进行敏感性分析，依次得出稳定时目标流域各测点的 COD 浓度变化率。污染物浓度变化率随扩散系数采用与涡黏系数成比例变化不大，最大变化率为 0.1%。

如图 4-10 和图 4-11 所示，当扩散系数比值分别取值 1 和 1.1 时，4 座污水处理厂排污口位置处污染物的扩散面积差异不大，由此可知，在研究河段内水体溶解性污染物主要受水体对流混合作用的影响，扩散系数的取值对水质模型中水质计算的影响几乎可以忽略。

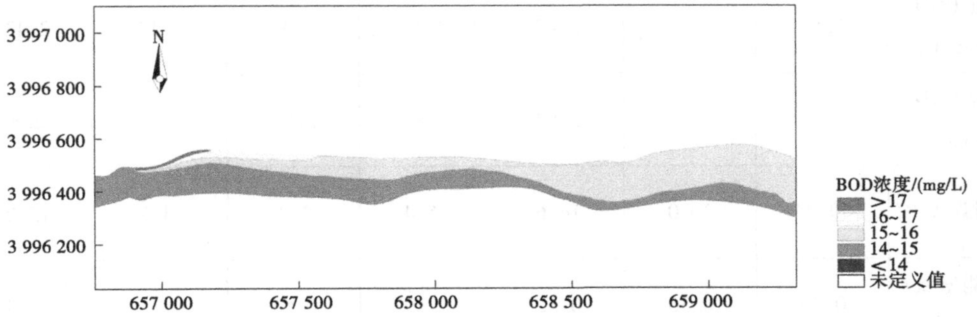

图 4-10　七里河安宁污水处理厂排污口扩散系数比值为 1 时的浓度分布　（单位：m）

4.4.1.3　排污口近区二维水质模型率定利用

通过 2016 年 5 月 4—6 日三天的河道实测水质数据，对所搭建的 MIKE 21 水质模型进行了率定，水质指标包括 COD、氨氮、TN、TP 及 BOD_5。

表 4-15 是水质模型验证结果。模拟值基本上反映了河道沿程的水质变化过程。

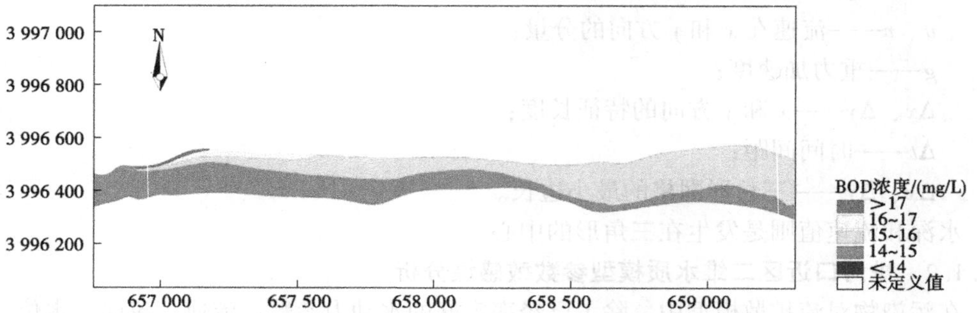

图 4-11　七里河安宁污水处理厂排口扩散比例系数为 1.1 时的浓度分布　（单位：m）

表 4-15　2016 年 5 月 4 日七里河安宁排污口水域验证结果

断面名称	七里河安宁入黄口上游 500 m	七里河安宁入黄口处	七里河安宁入黄口下游 100 m	七里河安宁入黄口下游 500 m	七里河安宁入黄口下游 1 000 m	七里河安宁入黄口下游 3 000 m	兰州
实测 COD/(mg/L)	11.97	14.63	12.97	11.6	15.83	12.33	13.5
模拟 COD/(mg/L)	11.66	11.65	11.71	11.79	11.74	11.68	11.56
相对误差/%	2.6	20.4	9.7	1.6	25.8	5.3	14.4
实测 BOD_5/(mg/L)	2.57	4	2.47	2.47	2.9	2.47	2.43
模拟 BOD_5/(mg/L)	2.81	2.8	2.83	2.85	2.83	2.82	2.8
相对误差/%	9.3	30.0	14.6	15.4	2.4	14.2	15.2
实测氨氮/(mg/L)	0.49	0.36	0.52	0.49	0.57	0.34	0.34
模拟氨氮/(mg/L)	0.45	0.45	0.45	0.45	0.45	0.45	0.44
相对误差/%	8.2	25.0	13.5	8.2	21.1	32.4	29.4

续表 4-15

断面名称	七里河安宁入黄口上游 500 m	七里河安宁入黄口处	七里河安宁入黄口下游 100 m	七里河安宁入黄口下游 500 m	七里河安宁入黄口下游 1 000 m	七里河安宁入黄口下游 3 000 m	兰州
实测 TN/(mg/L)	1.26	1.11	1.41	1.09	1.59	1.25	1.13
模拟 TN/(mg/L)	1.75	1.74	1.77	1.79	1.78	1.76	1.75
相对误差/%	38.9	56.8	25.5	64.2	11.9	40.8	54.9
实测 TP/(mg/L)	0.03	0.03	0.04	0.02	0.03	0.07	0.04
模拟 TP/(mg/L)	0.03	0.03	0.03	0.03	0.03	0.03	0.03
相对误差/%	0	0	25.0	50.0	0	57.1	25.0

各断面 COD 模拟值与实测值相对误差中，最大值为 25.8%；BOD_5 模拟值与实测值相对误差中，最大值为 30.0%；氨氮模拟值与实测值相对误差中，最大值为 32.4%；TN 模拟值与实测值相对误差中，最大值超过 40%。COD、BOD_5、氨氮指标模拟值与实测值吻合度较高。TN 模拟值误差较大，主要是上游来流边界浓度值偏高造成的。

由此可见，该河段二维水质模型的参数取值基本合理，水质模型的计算结果反映了河段内污染物迁移转化的变化趋势，可以适用于不同工况下的水质预测。

4.4.1.4　排污口近区二维水动力水质模型预测结果分析

1. 正常排污工况下排污口近区水质影响分析

设计黄河水文、水质条件及排污各设计工况与解析模型分析相同，在此不再赘述。对各工况模拟结果分析如下。

1) 黄河上游Ⅱ类限值来水条件下

COD 和 TP 超标河长 70 m，超标河宽 10 m；BOD_5 超标河长 165 m，超标河宽 10 m；氨氮超标河长 160 m，超标河宽 10 m。但不影响下游控制断面兰州站的水质达标。

2) 黄河上游Ⅲ类限值来水条件下

COD 超标河长 1 190 m，超标河宽 55 m；BOD_5 超标河长 4 800 m，全河宽超标；TP 情况与 BOD_5 相似，超标河长 5 170 m，全河宽超标。氨氮为全河段超标，超标河段延续到雁儿湾污水处理厂排污口下游 8 km 处。

341 m^3/s 设计流量条件下，COD 超标河长 1 150 m，超标河宽 55 m；BOD_5 超标河

长 3 900 m，超标河宽 80 m；TP 与 BOD_5 相似，超标河长 4 100 m，超标河宽 80 m。氨氮为全河段超标，超标河段延续到雁儿湾污水处理厂排污口下游 8 km 处。

对黄河Ⅲ类限值来水设计条件下的影响分析结果进行图示，见图 4-12～图 4-16。

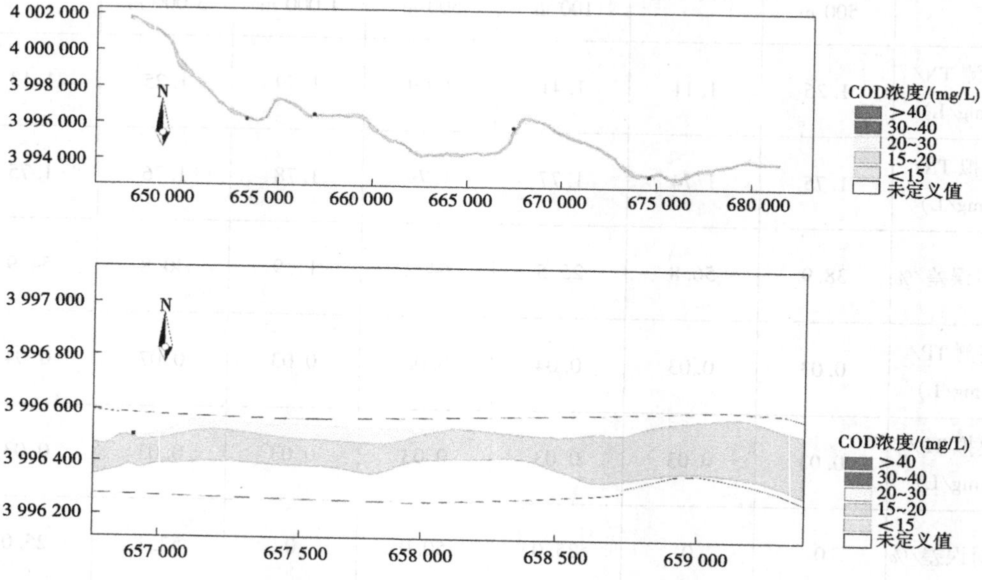

图 4-12　COD 扩散范围示意图　（单位：m）

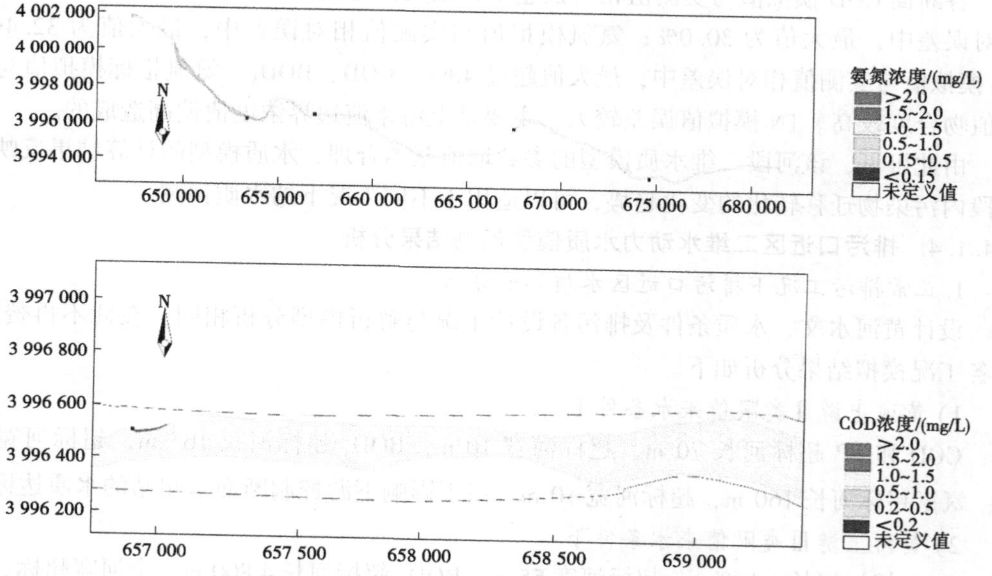

图 4-13　氨氮扩散范围示意图　（单位：m）

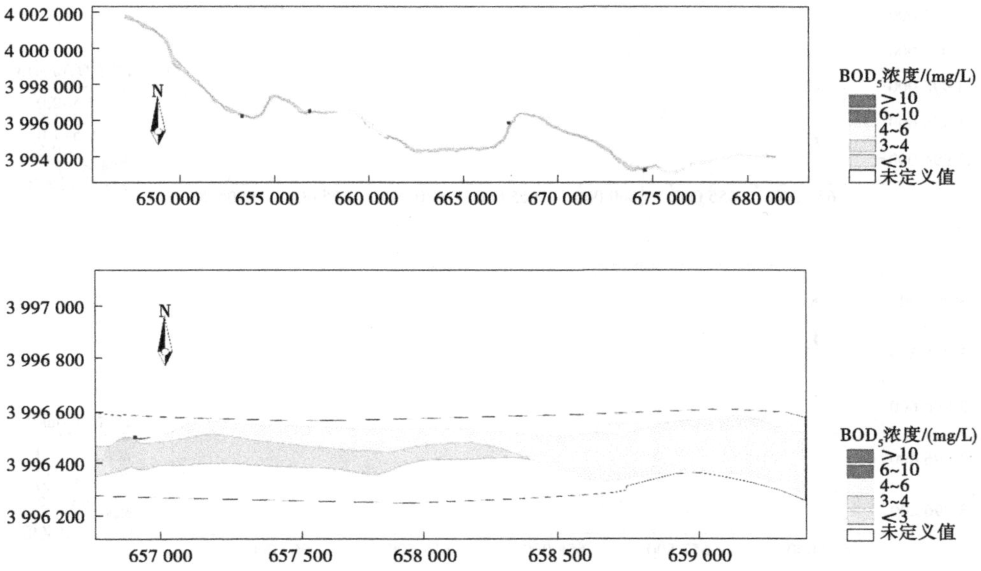

图 4-14　BOD$_5$ 扩散范围示意图　（单位：m）

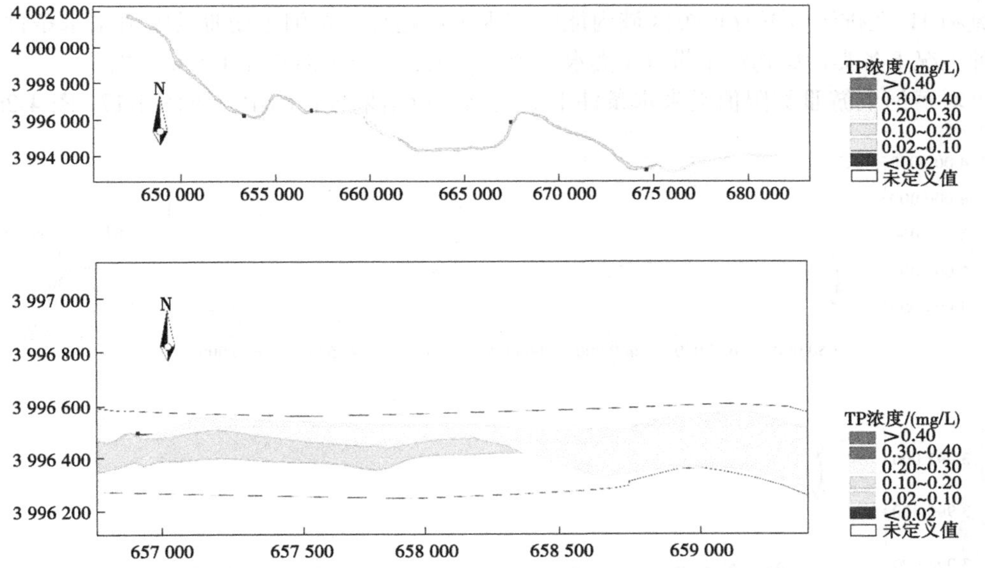

图 4-15　TP 扩散范围示意图　（单位：m）

2. 事故工况下排污口下游近区影响分析

设计黄河水文、水质条件及排污各设计工况与解析模型分析相同，在此不再赘述。

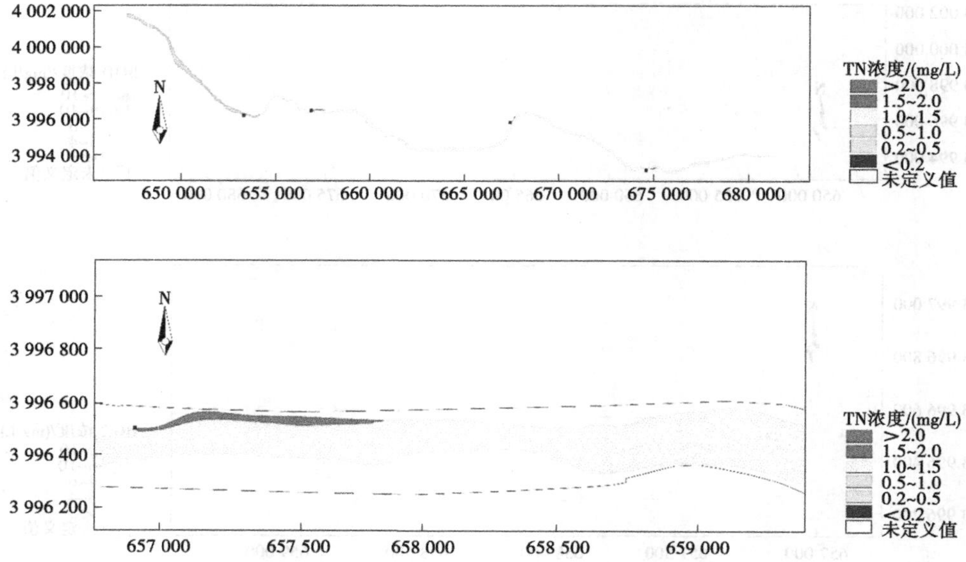

图 4-16　TN 扩散范围示意图　（单位：m）

对两种事故工况模拟结果分析如下：

黄河上游Ⅱ类限值来水条件下，两种工况下排污口下游 COD、BOD_5 等指标均超标。氨氮和 TP 在排污口下游较短区域内能够实现水质达标。黄河上游Ⅲ类限值来水条件下，两种工况下各类污染物污染带（Ⅴ类水）差异不大，Ⅴ类水河长在 1.5 km 之内。

对黄河上游Ⅲ类限值类来水条件下的影响分析结果进行图示，见图 4-17～图 4-26。

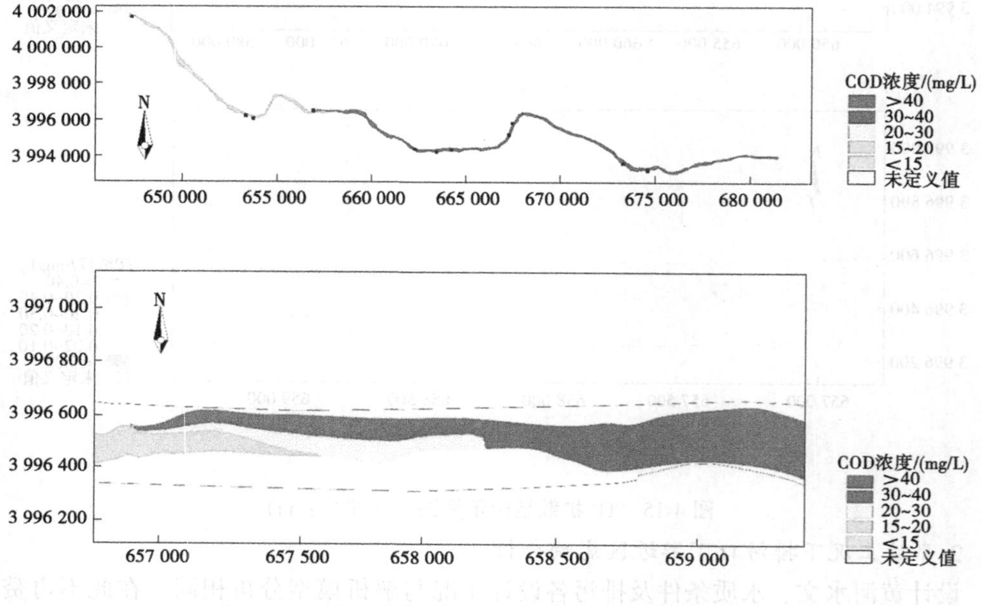

图 4-17　COD 扩散范围图（直排）　（单位：m）

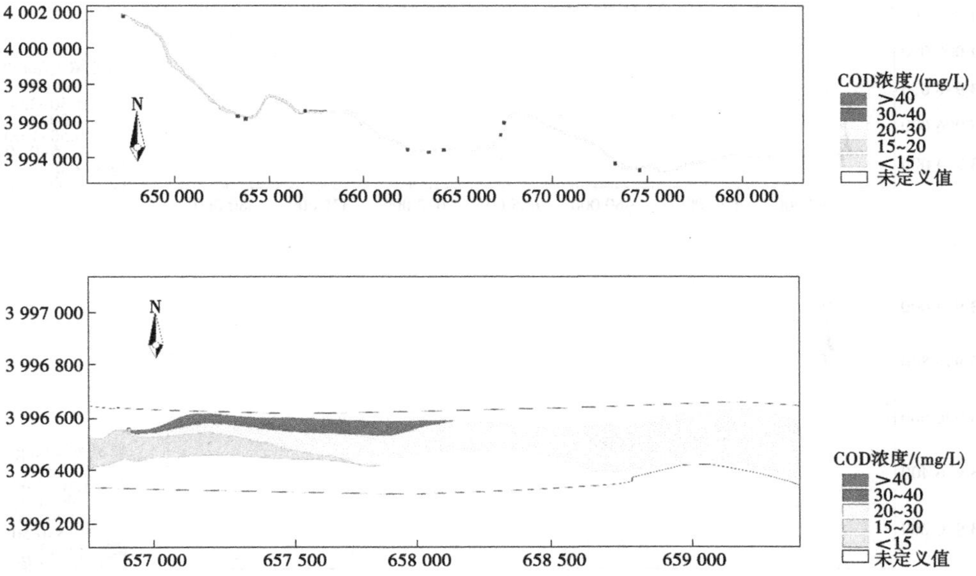

图 4-18　COD 扩散范围图（50%设计处理率）　（单位：m）

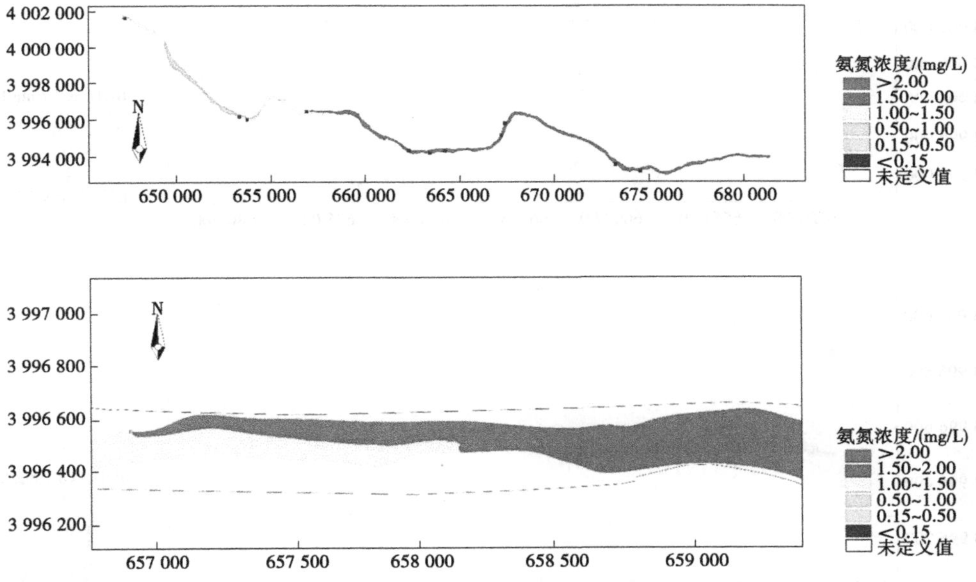

图 4-19　氨氮扩散范围图（直排）　（单位：m）

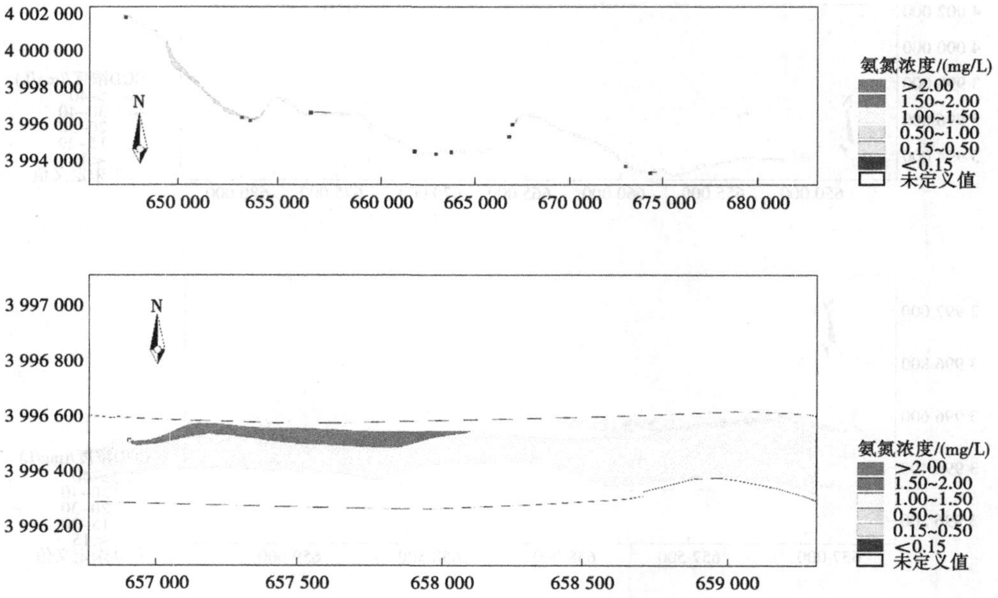

图 4-20　氨氮扩散范围图（50%设计处理率）　（单位：m）

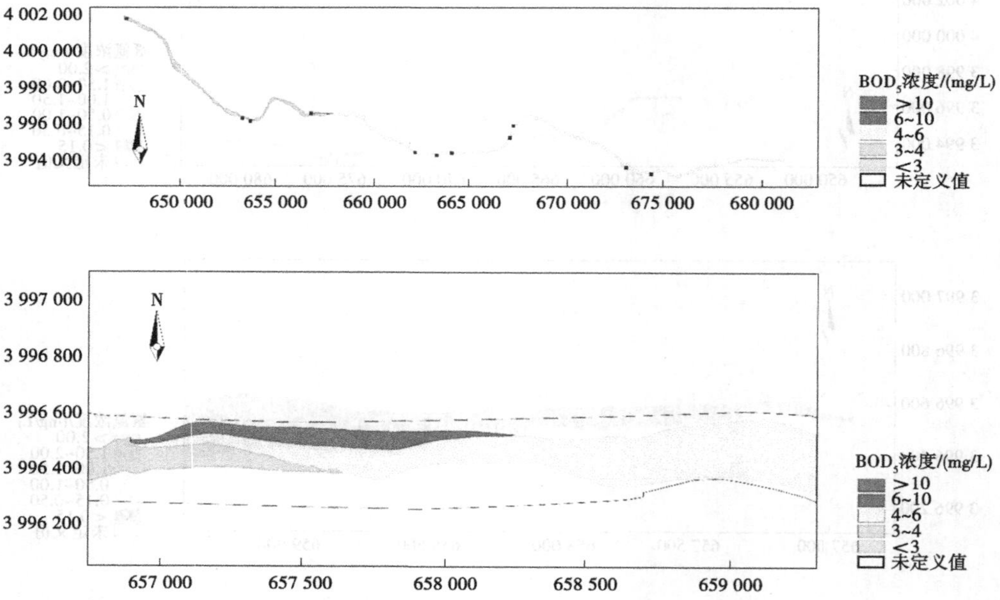

图 4-21　BOD_5 扩散范围图（直排）　（单位：m）

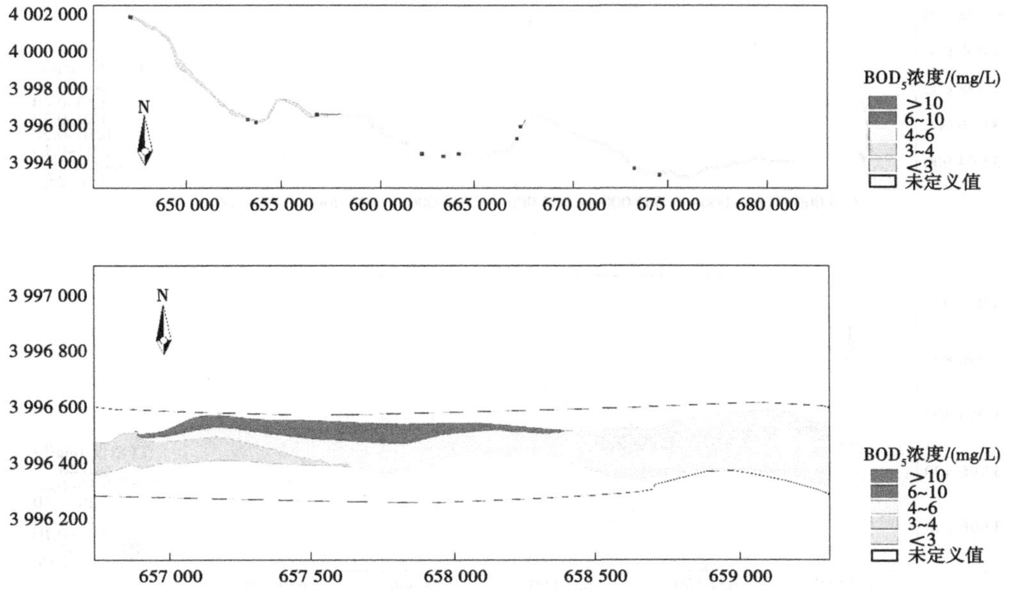

图 4-22　BOD_5 扩散范围图（50%设计处理率）　（单位：m）

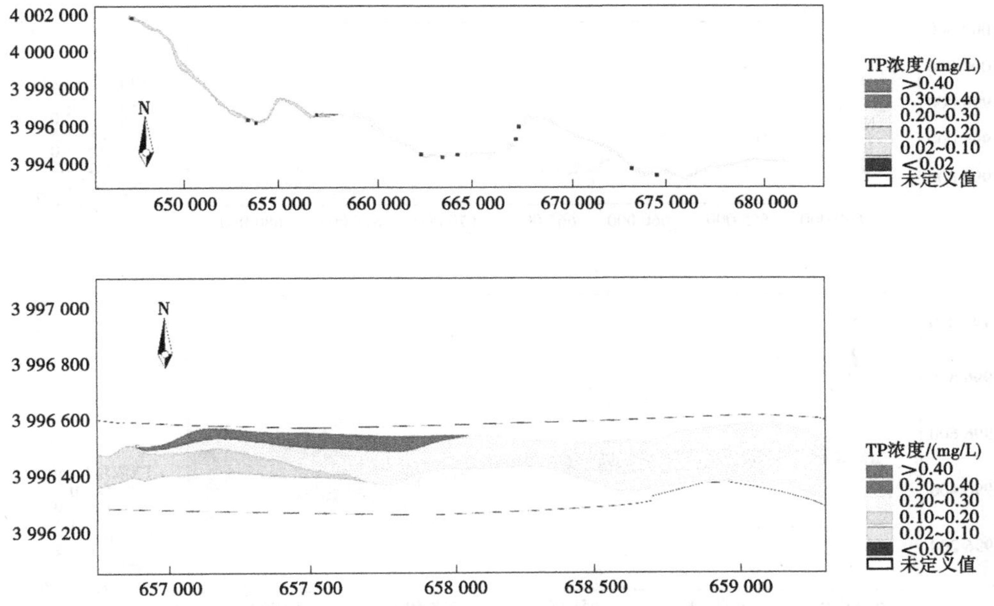

图 4-23　TP 扩散范围图（直排）　（单位：m）

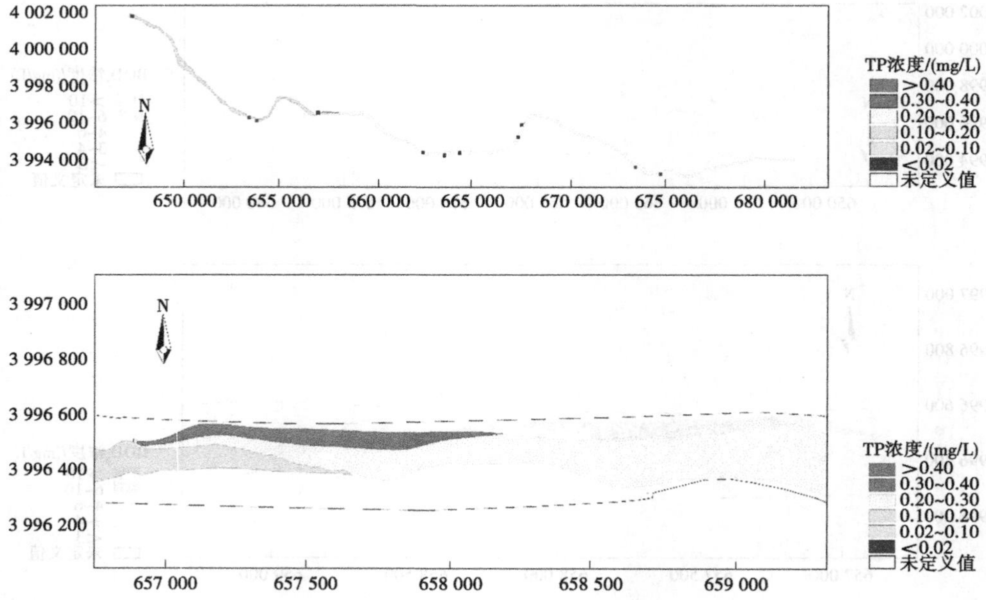

图 4-24　TP 扩散范围图（50%设计处理率）　（单位：m）

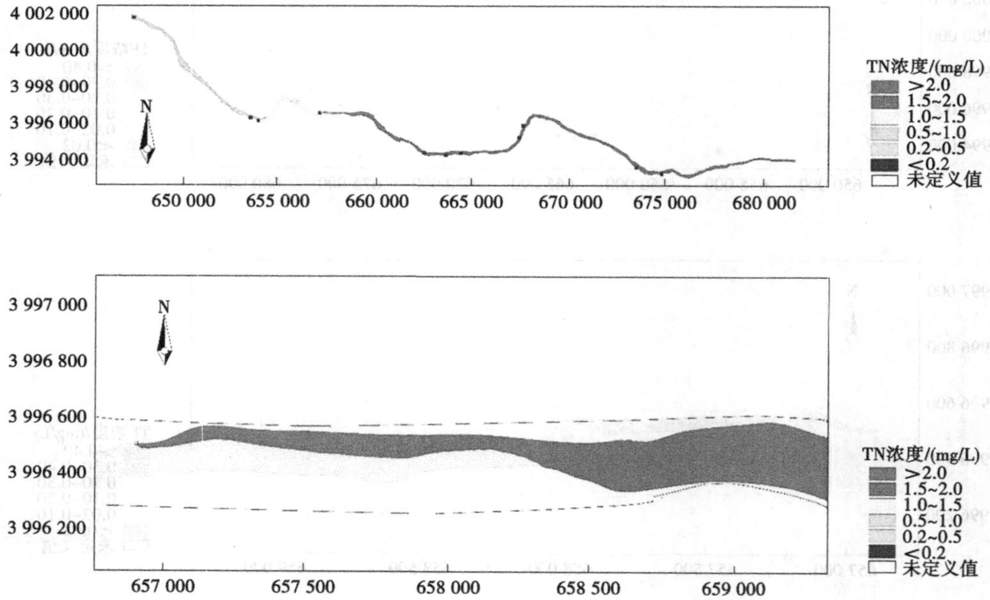

图 4-25　TN 扩散范围图（直排）　（单位：m）

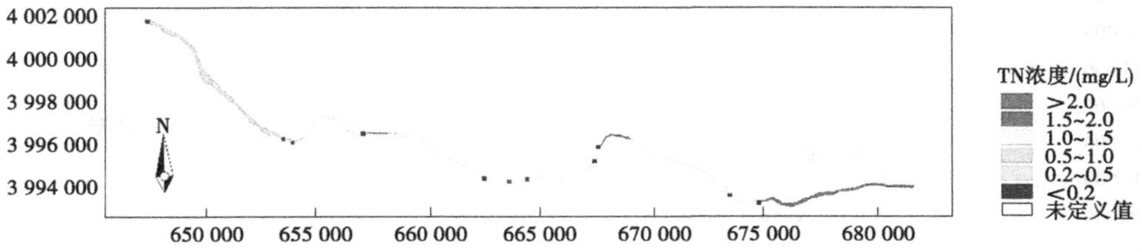

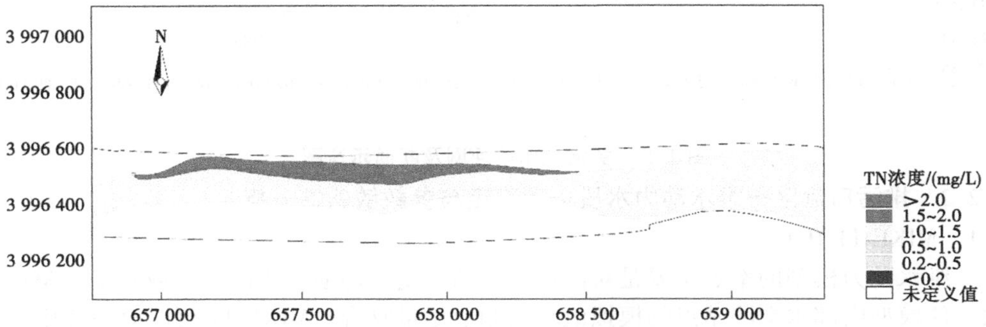

图 4-26　TN 扩散范围图（50%设计处理率）　（单位：m）

4.4.2　入河排污口远区模拟与预测

以七里河安宁污水处理厂为例，针对该厂入河排污口远区，采用 MIKE 11 软件搭建一维水动力水质模型，通过率定并结合文献资料确定模型参数，预测排污口下游各二级水功能区在不同来水条件下的水质变化趋势，以及正常排放和事故排放工况下的水质变化趋势。

4.4.2.1　排污口远区一维水动力水质模型搭建

1. MIKE 11 HD 搭建

MIKE 11 HD 建模需要以下各类数据或信息：

（1）流域数据，包括河网形状和水工建筑物、水文站位置。

（2）河道和滩区地形数据，包括河床断面和滩区地形资料。

（3）模型边界处水文测量数据。

（4）实测历史水文数据，用于模型的率定和验证。

黄河兰州段概化河网如图 4-27 所示，研究范围内仅包括黄河干流部分。

模型的上游流量边界根据下游兰州水文站实测流量在沿途取排水量的基础上推算，下游为水文站实测水位。

2. MIKE 11 AD 搭建

水质对流扩散模型选择了 COD、氨氮、BOD_5、TN 和 TP 共 5 种水质因子作为模拟对象。模拟河段上下游的水质边界均采用 2016 年 5 月补充调查的实测数据。

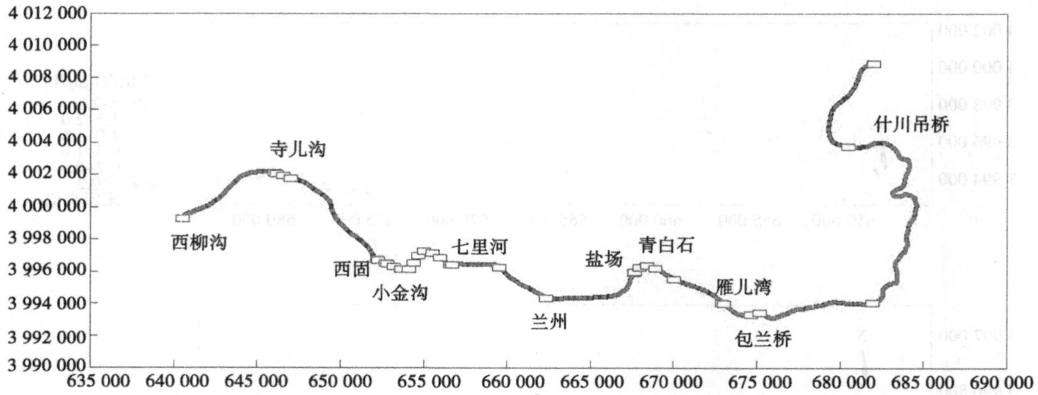

图 4-27 黄河兰州段河网及断面示意图

4.4.2.2 排污口远区一维水动力水质模型率定与参数敏感性分析

1. MIKE 11 HD

一维水动力模型的率定主要是对河道糙率的率定，即通过不断手动或自动调整糙率系数，使模型内部水文测站点的模拟值与实测值尽量吻合。MIKE 11 可以对河道中各个断面及每个断面中沿横向和垂向位置定义不同的糙率值，这对主槽和滩区有明显不同糙率的河流非常关键。

选用 2016 年兰州站的 5 月 4—6 日三天的实测日流量数据进行了率定。整体糙率（n）取值约为 0.032，率定结果见图 4-28。如图 4-28 所示，流量模拟值与实测值的相关系数为 0.998，模拟结果良好，可以认为该水动力模型适用于同时段的水质模拟，能够为水质模型的率定提供较好的水流演进计算结果。

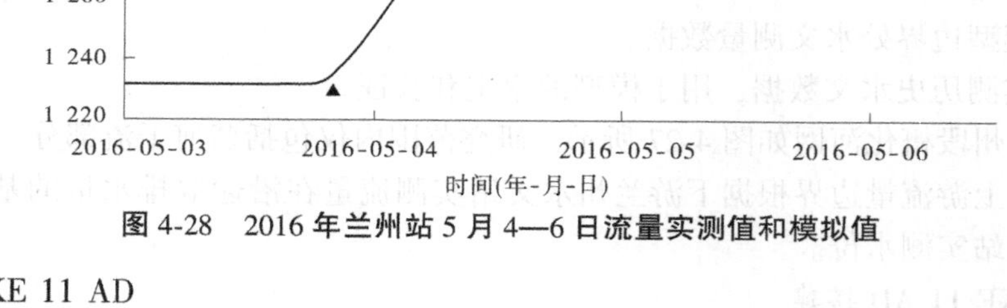

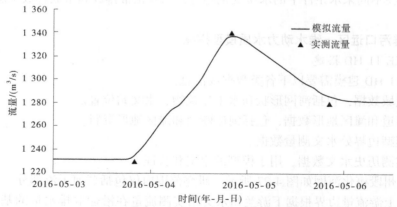

图 4-28 2016 年兰州站 5 月 4—6 日流量实测值和模拟值

2. MIKE 11 AD

基于 2016 年 5 月 4—6 日三天连续监测的河道水质数据，通过调整污染物扩散系数及不同水质因子的降解系数进行模型率定。率定结果见图 4-29。

纵向离散取决于非均匀流的流速分布和扩散的联合作用。在河流流速大的情况下，

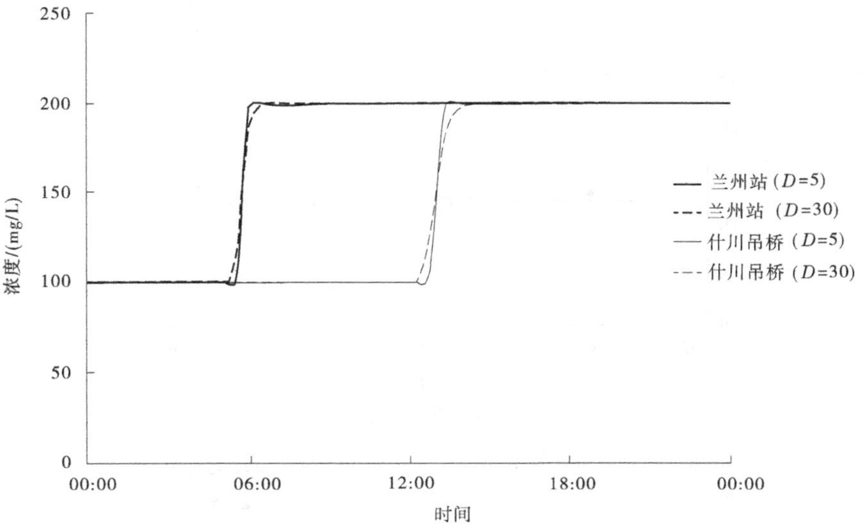

图 4-29　黄河兰州段扩散系数敏感性分析

非均匀流的流速分布所带来的作用远远大于分子扩散和湍流扩散的影响。也就是说，对于河道污染物长距离传输的情形，模型计算结果对扩散系数取值大小不敏感，一般河流的扩散系数 D 取值范围在 5~30 m^2/s。污染物长距离传输过程中达到下游各处的时间和浓度主要受控于河道水文条件，相应地，在数学模型中主要受控于河床糙率系数。

对兰州河段污染物的扩散系数进行了灵敏度分析。如图 4-30 所示，扩散系数取 30 m^2/s 时比取 5 m^2/s 时污染物到达下游断面的时间略早，但整体变化趋势非常小。这种程度的变化影响对河段整体水质模拟的影响基本上可以忽略。因此，在本书中整体扩散系数值设定为 10 m^2/s。

如图 4-30 所示，模拟值基本反映了河道沿程的水质变化过程。COD、BOD_5、氨氮、TP 整体模拟结果较好，兰州水文站的氨氮模拟值偏高，什川吊桥的总磷模拟值偏低，而 TN 整体模拟结果均偏高。

4.4.3　小结

正常工况下，按照黄河兰州段生态流量底线要求 350 m^3/s 进行模型预测，在上游来水水质采用 2016—2022 年实测平均值、2016—2022 年 90th 百分位浓度值时，无论污水处理厂排水是否回用，排污均不会造成下游各控制断面超出地表水Ⅱ类水质目标；在上游来水水质采用 2016—2022 年实测最大浓度值（低于但接近Ⅱ类限值），无论污水处理厂排水是否回用，排污均会造成下游七里河桥断面及以下河段氨氮均超出地表水Ⅱ类水质目标，但在各污水处理厂排水回用 25%的情况下，下游各断面主要污染物 COD、氨氮、BOD_5、总磷和总氮浓度与不回用直接排放比较均有降低，说明通过污水处理厂排水回用，可以降低排污对下游断面的影响。

事故工况下，七里河安宁污水处理厂事故污水的排放可能影响到白银饮用工业用水区的城市供水。

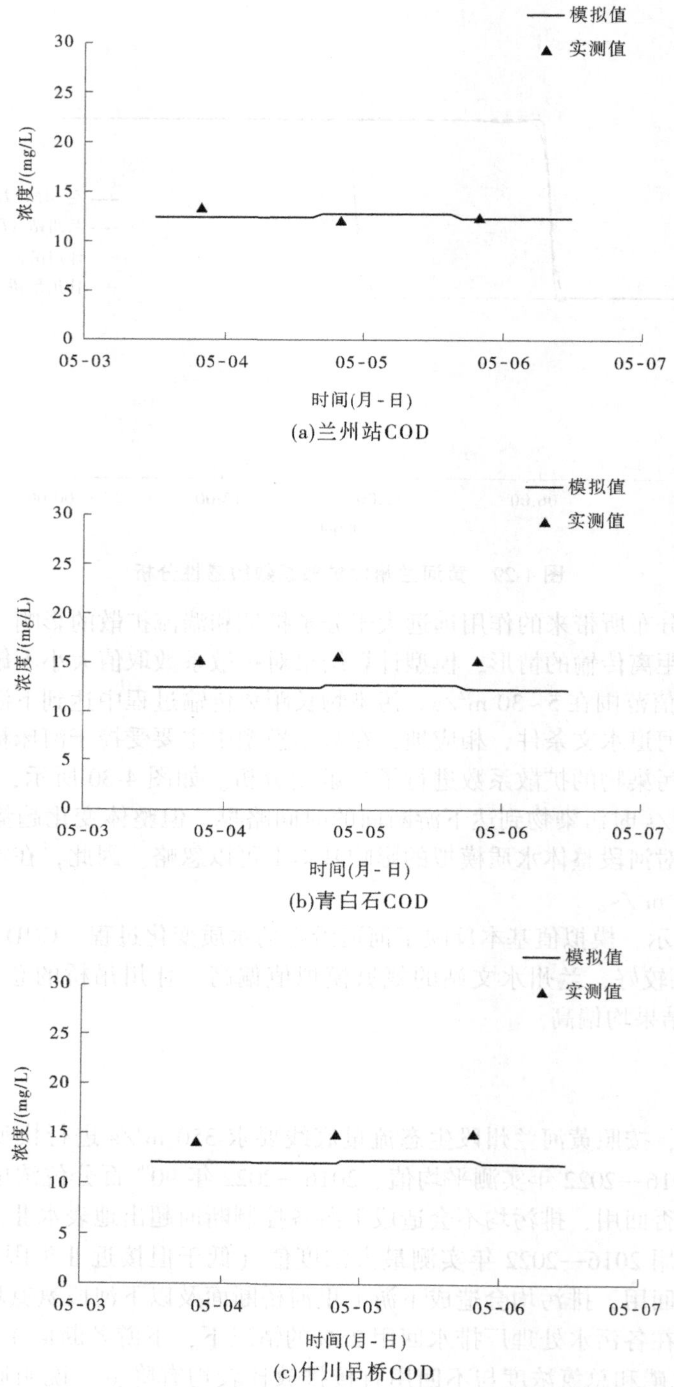

图 4-30　2016 年 5 月各水质监测断面模拟值与实测值的对比

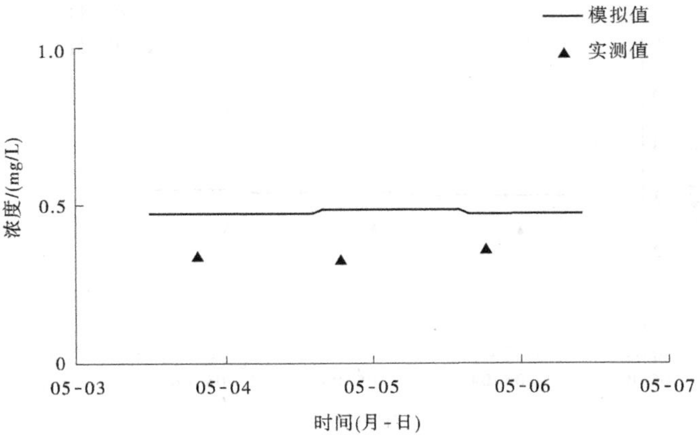

(d)兰州站氨氮

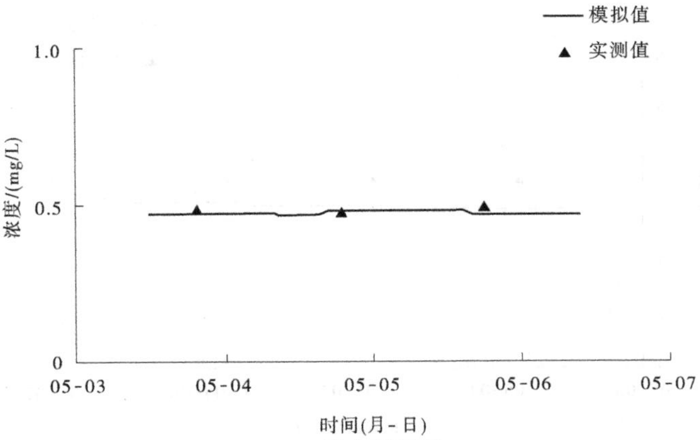

(e)青白石氨氮

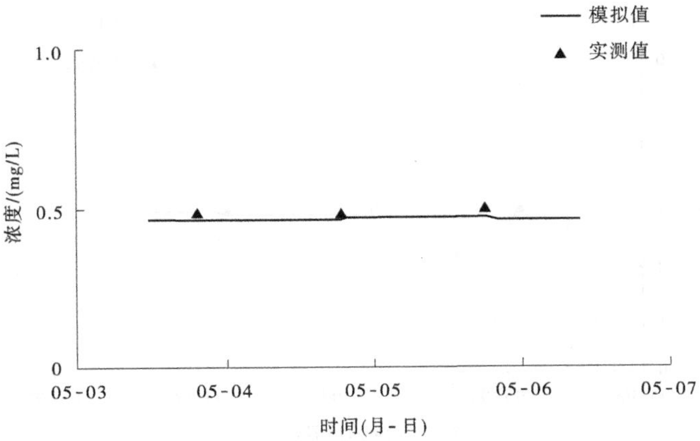

(f)什川吊桥氨氮

续图 4-30

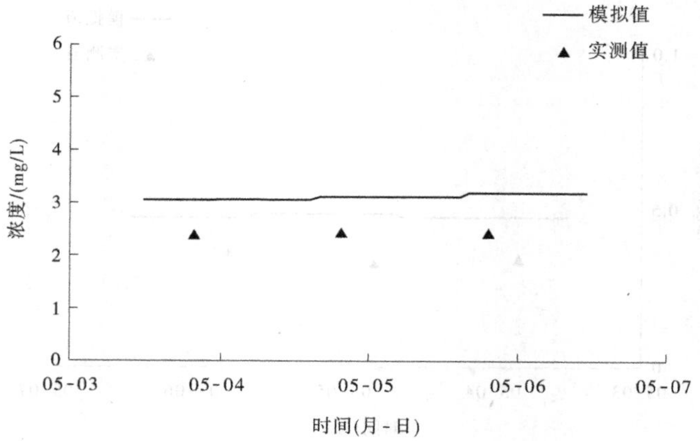

(g)兰州站BOD_5

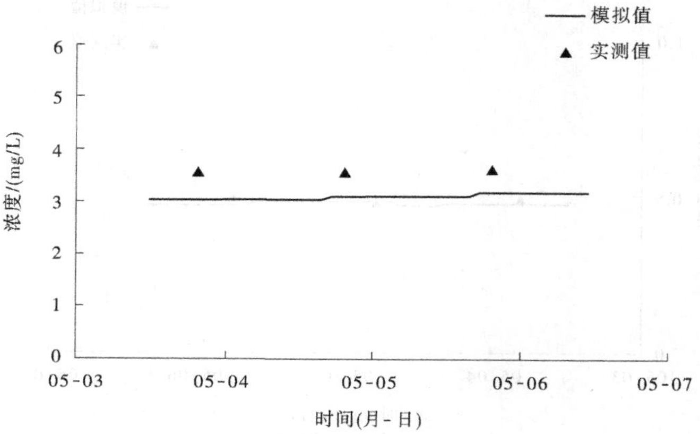

(h)青白石BOD_5

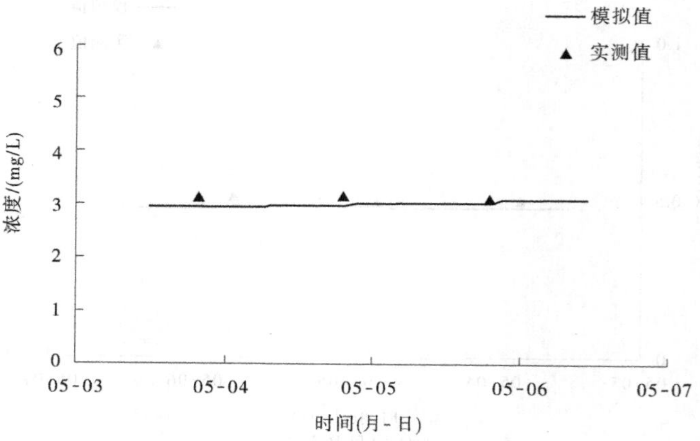

(i)什川吊桥BOD_5

续图 4-30

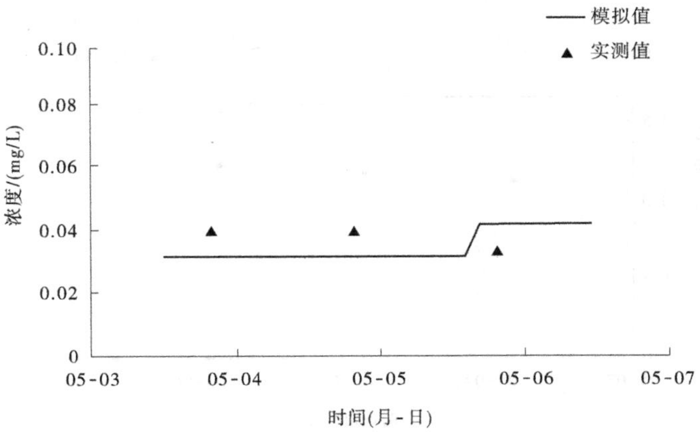

(j)兰州站TP

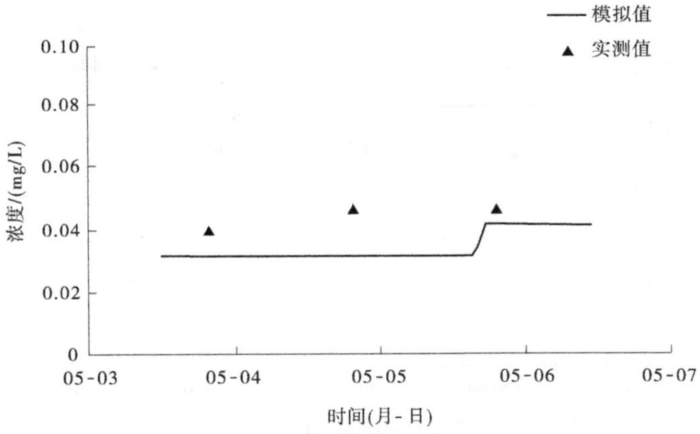

(k)青白石TP

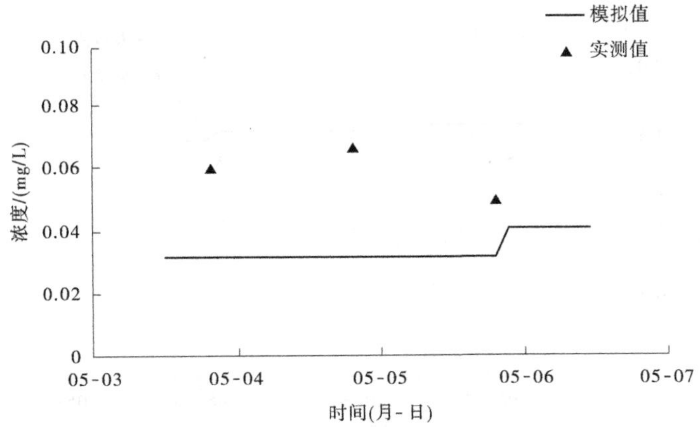

(l)什川吊桥TP

续图 4-30

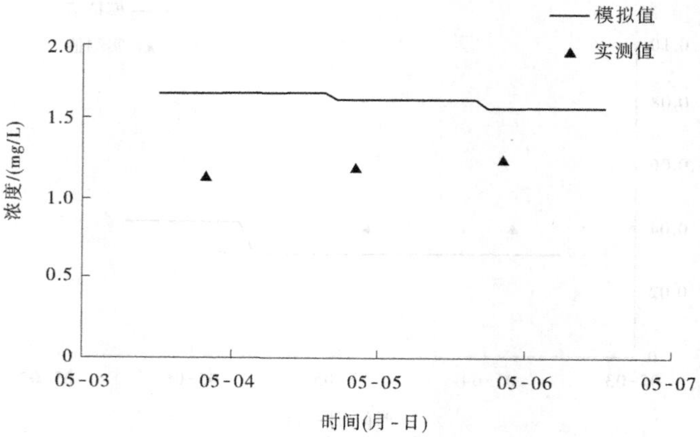

(m)兰州站TN

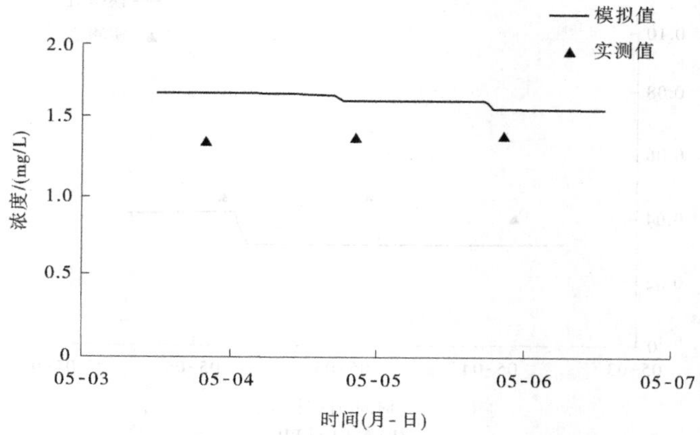

(n)青白石TN

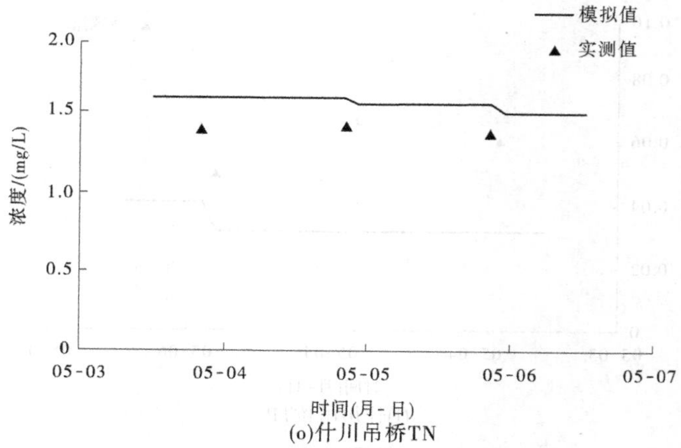

(o)什川吊桥TN

续图 4-30

4.5　对水生态影响分析

4.5.1　黄河兰州段水生生物现状

陕西省水产研究所于 2014 年 11 月 3—17 日在黄河兰州段开展了水生生物专项调查与分析。调查结果表明，黄河兰州城区段的浮游植物硅藻门的种类数最多，占种类总数的 51.7%，其次是绿藻门和蓝藻门，分别占种类总数的 18.4%和 13.8%；调查共检出浮游动物 4 大类 27 种属，其中原生动物 9 种属，占总种属的 33.3%；轮虫 10 种属，占总种属的 37.1%；枝角类 5 种属，占总种属的 18.5%；桡足类 3 种属，占总种属 11.1%。整体上，黄河兰州段浮游动植物数量少、生物量低，为贫营养水体，水体处于较轻污染状态。底栖动物方面，共检出 3 大类 6 种属，其中甲壳动物 1 种属，占总种类数的 16.67%，软体动物 2 种属，占总种类数的 33.33%，环节动物 3 种属，占总种类数的 50.00%。鱼类方面，采集到的鱼类共计 4 目 5 科 13 种，其中，鲤科 9 种，占总种类的百分比为 69.2%，鲑科、鳅科、鲇科、塘鳢科各为 1 种，分别占总种类的百分比为 7.7%。黄河兰州段鱼类组成简单，特有鱼类有甘肃高原鳅，地方性保护鱼类有鲤鱼、草鱼、鲇鱼（兰州鲶）等，外来引进品种为池沼公鱼。

4.5.2　对水生态影响分析

4.5.2.1　综合生物毒性影响分析

为考察入河排污口设置可能对黄河水生态造成的影响，黄河流域水环境监测中心曾于 2016 年在七里河安宁污水处理厂外排污水入黄口处开展了综合生物毒性（急性毒性）测试。从测试结果来看，发光强度呈显著增益，说明入黄污水毒性轻微，但同时反映出污水带有有机物、氮、磷等营养物质污染。

根据“2.3.1　承纳废污水来源及构成”章节统计结果，七里河安宁污水处理厂改扩建前后收水范围均以城镇生活污水为主，排放总量由 11 316.76 m^3/d 增加到 12 235.99 m^3/d，略有增加，工业污水承纳量占其废污水接纳总量的比例由 2016 年的 6.8%降至 2021 年的 5.8%，且排污企业数量由 2016 年的 70 家减少至 2021 年的 55 家，主要污染物未发生明显变化。将七里河安宁污水处理厂 2019—2021 年出水口水质与 2016 年出水口水质进行对比分析，2019—2021 年出水口水质整体上优于 2016 年出水口水质。综合以上分析，可以初步推断生物毒性较 2016 年不会有大的变化。

4.5.2.2　对水生生物的影响分析

黄河兰州段鱼类主要有黄河鲤、兰州鲶和高原鳅等土著鱼，均属于经济鱼类。其中，兰州鲶作为黄河上游段特有的优质经济鱼类在 2004 年被列入《中国濒危动物红皮书》。兰州鲶生命力强，随着近些年国家对鱼类种质资源保护力度的加大，目前在黄河中游干流沿岸各县均有分布，常在河流及其支流的深潭中静隐于大石旁或洞空，或潜伏水底。目前，宁夏水产研究所已成功开展了人工孵化兰州鲶试验，兰州鲶可以进行大规模人工繁殖和鱼池饲养，在一定程度上也对该物种起到了积极的保护作用。

调查结果显示，和以往资料记载比较，未发现七里河安宁污水处理厂入河排污对区域的鱼类多样性造成显著影响。

根据生态环境部黄河流域生态环境监督管理局生态环境监测与科学研究中心近两年开展的黄河流域及西北诸河水生态调查监测工作成果，黄河兰州段新城桥、什川桥等调查点位水生态环境综合评价结果为“中等”以上，黄河兰州段水生生物种类未发生明显变化，说明七里河安宁污水处理厂入河排污未对黄河水生生物造成显著影响。

4.6 对地下水影响分析

4.6.1 工业场地的影响

根据七里河安宁污水处理厂改扩建工程环评报告，工业场地只有在污水处理设施、污水收集和输送管道发生故障（如管道破裂、处理设施及管道渗漏等）时通过渗漏可能污染地下水。当防渗系统发生破损后 10 d 内 COD 最大浓度为 31.5 mg/L，氨氮最大浓度为 2.6 mg/L，超过《地下水质量标准》（GB/T 14848—2017）中Ⅲ类标准要求。故环评要求施工单位在施工时加强工程质量管理，确保污水处理设施质量合格，运营期运营单位应加强地下水监测，监测频次应不小于 1 次/30 d，确保发生泄漏事故时能及时发现。

4.6.2 入河排污过程中的影响

七里河安宁污水处理厂外排污水通过管道排入自北向南流经厂区的深沟（排洪沟），在深沟内流经约 200 m 后，最终通过深沟排入黄河。目前，深沟基本上维持着原有的天然状态，为季节性洪沟，平时水量很小。七里河安宁污水处理厂常年通过自然洪沟排污入黄，会对沿途的地下水造成一定的影响。本书论证认为，为避免污染当地地下水，七里河安宁污水处理厂应通过单独敷设的管道将污水直接排入黄河。

4.6.3 污水进入黄河后的影响

根据前述入河排污口设置对水功能区水质的影响分析可知，七里河安宁污水处理厂正常工况下排污对河道地表水水质产生的影响有限，因此一般不会对河道地下水水质产生明显影响。

4.7 对第三方取用水影响分析

4.7.1 兰州城区沿黄景观带

根据前述入河排污口设置对水功能区水质的影响分析可知，七里河安宁污水处理厂正常工况下排污对河道地表水水质产生的影响有限，一般不会对下游黄河风情线城市景观带造成明显影响。

4.7.2　排污口下游主要取水口

七里河安宁污水处理厂排污口下游取水口主要以农业灌溉取水为主，少部分为工业用水。下游的兰州市大砂沟电灌管理处取水口，取水 90% 以上用于农业灌溉和绿化。地表水环境标准中的Ⅳ类水适用于一般工业用水，Ⅴ类水适用于农业灌溉和景观用水。根据前述影响分析，七里河安宁污水处理厂正常工况下排污，不会造成黄河下游水质超出Ⅳ类标准限值。因此，七里河安宁污水处理厂正常排污不会对下游取水口造成显著影响。

4.7.3　黄河水川吊桥地表水城市供水水源地

近年来，黄河水川吊桥地表水城市供水水源地水质良好，常年水质类别为Ⅱ～Ⅲ类。七里河安宁污水处理厂入河排污口距离该水源地所处黄河白银饮用工业用水区有 73 km，根据前述对水功能区水质影响分析结果可知，一般不会对该水源地造成明显影响。

第 5 章 入河排污口设置合理性分析

5.1 与《兰州市“十四五”生态环境保护规划》符合性分析

2022 年 1 月 19 日，兰州市人民政府以兰政办发〔2022〕11 号印发《兰州市“十四五”生态环境保护规划》（简称《规划》）。

《规划》在第三章第二节“深化三水统筹，保持黄河水体健康”中要求：

（1）完善流域水生态环境功能分区管理体系。建立健全兰州市“流域—水功能区—控制单元—行政区域”的流域空间管控体系，维护黄河兰州段水体生态功能，细化行政管理责任体系。合理设置各级控制断面，以水生态环境改善目标为重点，逐级明确行政责任主体，强化市县（区）政府水生态环境责任传导机制。优化调整具体水域功能定位及水环境保护目标，将水功能区划作为依法协调水资源开发利用与水生态环境保护的跨部门基础平台。划分水生态环境保护控制单元，作为实施精准治污、科学治污、依法治污的流域空间载体。

（2）打通水里和岸上，持续推进排污口综合整治。全面开展黄河干支流污染防治，限制排污总量，强化入河排污口管理和监测，推动重点排污口规范化整治。建立入河排污口责任主体清单，结合河长制工作要求，分类分阶段完成各类排污口清查整治和建档立册工作。严格落实排污许可制度，实施“水体—入河排污口—排污管线—污染源”全链条管理，强化源解析，追溯并落实治污责任。持续深化河湖“清四乱”专项行动，扎实做好黄河流域入河排污口排查整治试点工作，对保留的排污口采取清单化管理。除污水集中处理设施排污口外，严格控制新设、改设或者扩大排污口。持续削减化学需氧量和氨氮等主要水污染物排放总量。对水质超标的水功能区，实施更严格的污染物排放总量削减要求。到 2025 年，基本完成排污口整治工作。

（3）强化城镇污染治理，不断提高城镇生活污水收集处理能力。加快城中村、老旧城区、城乡接合部和棚户区的生活污水收集管网建设，加快消除收集管网空白区，提升污水管网覆盖率。加快实施城区雨污管网分流改造、管网更新、破损修复，推进达川、河口、什川、青城等乡镇污水收集管网建设，建成完整顺畅的污水收集系统，实现污水收集管网全面覆盖。暂不具备纳管集中处理条件的地区，推行污水就地分散模块化处理方式。科学规划布局城镇污水处理设施，加快推进城镇污水处理设施新、改、扩建，不断提升城镇生活污水处理能力。到 2025 年，城市（县城）污水处理厂出水全部达到一级 A 标准。到 2022 年，城市污水处理规模不小于 80 万 m^3/d。推进初期雨水收集、处理和资源化利用，探索开展初期雨水处理设施建设。推进污泥无害化资源化处理处置。全面推进县级及以上城市污泥处置设施建设，推广污泥集中焚烧无害化处理，鼓励污泥资源化利用。到 2025 年，全市污泥无害化处理处置率超过 90%。

（4）推进区域再生水回用。将再生水纳入城市水资源配置，实现“优水优用，劣水低用”，建立应用则用、效益最优、因地制宜的再生水调配体系。持续推进工业企业废水深度处理与循环利用，加强农副食品加工、化工、印染等行业综合治理，推进重点行业企业清洁化改造，开展石化、有色、造纸、印染等高耗水行业工业废水循环利用示范，推进工业企业逐步提高废水综合利用率。完善再生水利用设施，工业生产、城市绿化、道路清扫、车辆冲洗、建筑施工及生态景观等用水，要优先使用再生水。合理规划布局再生水处理与配套设施，完善再生水利用设施建设。在条件较成熟的区域、工业园区开展再生水循环利用试点。积极推动再生水、雨水和苦咸水等非常规水源利用，建设一批再生水利用调蓄水池，逐步普及城镇建筑中水回用技术。

（5）提高水环境风险管控水平。探索建立适合本区域的水生生态环境风险预警、应急管理机制。加强入河排污口水质监测工作，定期对已纳入清单管理的重点入河排污口开展涉重、涉毒等有害污染物的监测。逐步开展河流底泥、河滩有毒有害污染物或持久性有机污染物累积风险调查和评估，适时开展污染修复工作。涉及有毒有害污染物或持续性有机污染物的沿黄石油化工等环境风险较高的重点行业工业企业，全部安装在线监测设施。从突发性风险、累积性风险防控两方面设置流域水环境风险防控任务，明确落实路线及时间节点。加强应急物资储备建设、应急队伍建设、风险防范制度建设和建立健全联防联控应急机制。全面开展邻水、涉水道路、桥梁的应急设施排查，加强水环境风险应急演练。积极探索推进跨市域生态环境保护合作和突发生态环境事件联防联控长效机制建设，强化黄河干支流石油化工等环境风险水平较高行业的风险管控水平。

以兰州市七里河安宁污水处理厂为例，通过本次改扩建，出水水质由一级 B 标准提升至一级 A 标准，处理规模由 20 万 m^3/d 提升至 30 万 m^3/d。目前，兰州城区四座污水处理厂均制定有突发环境事件应急预案，并在当地生态环境部门备案。预案基本符合国家和地方生态环境部门对城镇污水处理厂环境应急与风险防控的要求，在落实本书论证提出的相关要求、确保水污染应急防范措施到位的前提下，符合《规划》中提出的“提高水环境风险管控水平”具体要求。

5.2　与“三线一单”符合性分析

“三线一单”是贯彻落实党中央、国务院决策部署，推动形成绿色发展方式和生活方式的重要举措，是推进区域和规划环评落地、推动黄河流域生态保护和高质量发展、完善国土空间治理体系的重要抓手。本书研究采用《甘肃省区域空间生态环境评价“三线一单”编制研究报告》（甘肃省生态环境厅 甘肃省“三线一单”技术编制组，2020 年 7 月）对项目“三线一单”符合性进行分析。

5.2.1　生态保护红线

根据《甘肃省区域空间生态环境评价“三线一单”编制研究报告》（甘肃省生态环境厅 甘肃省“三线一单”技术编制组，2020 年 7 月），甘肃省生态保护红线面积 12.44 万 km^2，占全省总面积的 29.22%，空间分布呈“三屏一带”格局。“三屏”为“以祁连山地区生态保护红线为主体的河西内陆河上游生态屏障，以甘南山地生态保护红线为主体的黄河上游生态屏障，以陇南山地生态保护红线为主体的长江上游生态屏障”。“一带”为“以河西走廊为主体的防风固沙带”，涵盖了肃北蒙古族自治县北部荒漠生态保护区、黑河中下游防风固沙生态功能区和石羊河下游生态保护治理区三大生态功能区。

甘肃省生态保护红线涵盖了水源涵养、生物多样性维护、水土保持、防风固沙功能极重要区，水土流失、土地沙化极敏感区，国家公园、自然保护区、森林公园的核心景观区和生态保育区、风景名胜区的一级保护区（核心景区）、地质公园的地质遗迹保护区、湿地公园的湿地保育区和恢复重建区、饮用水水源地一级保护区、国家级水产种质资源保护区的核心区等法定保护区域，以及极小种群物种分布栖息地、一级国家级公益林、重要湿地、雪山冰川、高原冻土等各类保护地。

兰州市城区四座污水处理厂占地不涉及水源涵养、生物多样性维护、水土保持、防风固沙功能极重要区，水土流失、土地沙化极敏感区，国家公园等特殊保护区域，不在甘肃省生态保护红线管控范围之内。

5.2.2　水环境质量底线

根据《甘肃省区域空间生态环境评价“三线一单”编制研究报告》（甘肃省生态环境厅 甘肃省“三线一单”技术编制组，2020 年 7 月），兰州市七里河安宁污水处理厂所处黄河什川镇控制单元水环境现状为Ⅱ类水，水环境质量底线（2020 年、2025 年、2035 年）均为Ⅲ类水。

在上游正常来水情况下，兰州市城区四座污水处理厂正常工况下外排水不会对所处的水环境控制单元的水环境质量底线及生态环境产生明显影响。

5.2.3　资源利用上线

《甘肃省区域空间生态环境评价“三线一单”编制研究报告》（甘肃省生态环境厅 甘肃省“三线一单”技术编制组，2020 年 7 月）要求：积极开展节水型社会建设，按要求完成节水型社会建设，并建立长效管理机制，巩固、保障和提升节水成效；推广水循环使用、城市雨水收集利用、再生水安全回用、水生态修复等适用技术，着力推进农业节水、工业节水及城镇节水。

兰州市污水处理厂改扩建工程的实施，对提高城市污水处理率、减少水污染物排放、提升城市环境卫生水平和人民群众生活质量、改善黄河兰州段水环境、保护黄河水资源具有积极作用。下一步应按照流域水资源节约集约利用要求，大力推进区域再生水的循环利用。

5.2.4　生态环境准入清单

根据《甘肃省区域空间生态环境评价“三线一单”编制研究报告》（甘肃省生态环境厅 甘肃省“三线一单”技术编制组，2020 年 7 月），甘肃省将生态环境准入清单分为四个层级，分别为甘肃省、五大片区（黄河流域）、市（州）及县（区），并分别制定了环境准入要求。

经梳理，兰州市七里河安宁污水处理厂在空间布局约束、污染物排放管控、环境风险防控、资源开发效率要求四个方面均符合甘肃省、黄河流域甘肃段、兰州市等生态环境准入清单的要求。

5.3　入河排污口设置位置

以七里河安宁污水处理厂为例，目前该厂外排污水至流经厂区边界的深沟（排洪沟）。污水在深沟内流经约 200 m 后汇入黄河（左岸）。深沟入黄口位于黄河兰州工业景观用水区，位置处于黄河银滩湿地公园的下游。而在深沟入黄口的下游，分布有黄河风情线城市景观带，分布的取水口用途主要为农业灌溉、绿化和生态景观引水，无重大敏感制约因素。据第 4 章入河排污口设置影响分析可知，兰州市七里河安宁污水处理厂外排的污水在此位置汇入黄河，对黄河兰州工业景观用水区水质造成一定的影响，但其在正常情况下的影响范围和程度是有限的，只是在黄河极端水文条件下或上游来水水质异常时，有可能造成水功能区水质超出Ⅲ类水质目标或者影响下游什川桥国控断面达Ⅱ类水质目标，但不会影响水功能区规划使用功能。对黄河下游水生态、地下水、第三方取用水等亦不会造成显著影响。

《兰州七里河安宁污水处理厂改扩建项目管道及排污口工程穿深沟防洪评价报告》（送审稿）已由四川鑫宇通达工程勘察设计有限公司于 2022 年 3 月编写完成，兰州市水务部门应尽快组织专家对报告进行评审。根据《兰州七里河安宁污水处理厂改扩建项目管道及排污口工程穿深沟防洪评价报告》（送审稿）有关结论：兰州七里河安宁污水处理厂改扩建项目管道及排污口工程设计防洪标准能够满足有关技术的要求，污水管道的设计采用地埋式，实施后在河道管理范围内没有形成凸起物，原河床行洪断面不变。排污口所处上下游河道顺直，河床相对开阔，行洪通畅，管线附近局部区域的流速变化不会改变工程河段的主流形态，因此工程运行期对河道防洪水位、行洪能力、行洪安全、引排能力及天然河道水流的流态等无影响。根据冲刷分析计算，100 年一遇洪水时，评价断面河床最大冲刷深度为 1.8 m，污水管道埋深 2.1 m 以上，在最大冲刷线以下，因此在设计条件下洪水对工程没有影响。

综上所述，七里河安宁污水处理厂现有污水入黄口位置基本合理。

5.4　入河排污浓度及总量控制

5.4.1　入河排污浓度

以七里河安宁污水处理厂为例，该厂排污许可证由兰州市生态环境局核发，排放标准执行《城镇污水处理厂污染物排放标准》（GB 18918—2002）一级 A 标准，有效期从 2022 年 1 月 14 日至 2027 年 1 月 13 日。

根据第 5 章入河排污影响模型分析可知，若七里河安宁污水处理厂及兰州城区其他

3 个城镇污水处理厂均按照现有设计规模及现行设计出水水质标准《城镇污水处理厂污染物排放标准》（GB 18918—2002）一级 A 标准排污，则在兰州城区 4 个城镇污水处理厂排污及区间其他 2 个主要入河排污口（市政油污干管小金沟入河排污口、兰州碧桂园污水处理站入黄排污口）的叠加影响下，在黄河枯水低温季节及上游来水水质接近或超出Ⅱ类水质目标限值条件下，兰州城区 4 个城镇污水处理厂按照设计规模及设计出水水质排污，到七里河桥断面及以下河段氨氮均可能超出地表水Ⅱ类水质目标。

因此，为尽可能保证黄河兰州段水质持续稳定达标，需要结合污水厂外排污水水质控制实际情况，在保证水体污染物得到有效控制的前提下，以推进减污降碳协同增效为原则，从环境综合效益以及双碳目标约束角度考虑，适当调整七里河安宁污水处理厂及兰州城区其他 3 个城镇污水处理厂的污染物排放浓度控制标准。

对兰州城区四座污水处理厂 2019—2022 年主要污染物排放浓度进行统计，结果见表 5-1；对七里河安宁污水处理厂 2019—2022 年主要污染物排放浓度进行统计，结果见表 5-2。

表 5-1　兰州城区四座污水处理厂 2019—2022 年主要污染物排放浓度统计

单位：mg/L

特征值	COD	氨氮	TP	TN
最小值	1.89	0.033（0.037）	0.010	0.05
50th 百分位值	20.95	0.803（1.39）	0.248	11.07
80th 百分位值	24.74	2.67（3.10）	0.379	13.05
90th 百分位值	29.00	3.40（3.74）	0.484	13.94
95th 百分位值	32.12	3.8（4.23）	0.551	14.59
最大值	57.32	10.21（11.47）	1.052	25.11
平均值	21.88	1.38（1.79）	0.266	10.69

注：氨氮按照供暖季和非供暖季统计，括号内为供暖季统计值。

表 5-2　七里河安宁污水处理厂 2019—2022 年主要污染物排放浓度统计

单位：mg/L

特征值	COD	氨氮	TP	TN
最小值	1.89	0.05（0.04）	0.02	4.01
50th 百分位值	24.67	0.52（1.19）	0.12	12.3
80th 百分位值	31.45	1.33（2.78）	0.25	13.51
90th 百分位值	35.27	2.38（3.76）	0.33	14.13
95th 百分位值	37.84	3.34（5.03）	0.42	14.6
最大值	57.32	10.21（10.57）	0.67	17.83
平均值	25.25	0.96（1.72）	0.17	11.96

注：氨氮按照供暖季和非供暖季统计，括号内为供暖季统计值。

根据统计结果，综合考虑黄河兰州段水质目标要求、七里河安宁污水处理厂处理能力及进水波动情况、七里河安宁污水处理厂提标改扩建工程投运前（2019—2021 年）后（2022 年上半年）出水水质控制情况、污水处理厂排污路径及入河排污口位置与下游水质控制断面距离等因素，本论证提出七里河安宁污水处理厂出水口主要污染物 COD、氨氮排放浓度按照表 5-1、表 5-2 统计结果 95th 百分位值最大浓度值从严控制，即 COD、氨氮排放控制浓度分别为 32.12 mg/L、3.34 mg/L（4.23 mg/L）。按此排放浓度进行模型预测，黄河兰州段流量按照 350 m^3/s，上游来水按照 2016—2022 年 90th 百分位值最大浓度值计，兰州城区四座城镇污水处理厂的外排水量按其设计规模进行控制，则排污不会造成下游各控制断面超出地表水Ⅱ类水质目标。

2022 年 12 月 7 日，兰州市生态环境局在线上组织召开了《兰州市七里河安宁污水处理厂改扩建工程入河排污口设置论证报告》（简称《报告》）技术审查会。根据《报告》技术审查意见：为确保黄河兰州段水质持续稳定达标，同时考虑与《黄委关于兰州市七里河安宁污水处理厂入河排污口设置的批复》（黄水源〔2016〕503 号）衔接，七里河安宁污水处理厂改扩建工程出水主要污染物 COD 排放浓度按照 35.7 mg/L 进行控制，氨氮排放浓度按照《报告》提出的 3.34 mg/L（4.23 mg/L，水温低于 12 ℃）进行控制。

综上所述，七里河安宁污水处理厂改扩建工程出水主要污染物 COD、氨氮日均排放浓度分别按照 35.7 mg/L、3.34 mg/L（4.23 mg/L，水温低于 12 ℃）进行控制。其他污染物日均排放浓度执行《城镇污水处理厂污染物排放标准》（GB 18918—2002）一级 A 标准。

5.4.2　入河排污总量

根据中华人民共和国国家发展和改革委员会《关于印发黄河流域水资源节约集约利用实施方案的通知》发改环资〔2021〕1767 号中提出的节水目标，至 2025 年，黄河流域上游地级及以上缺水城市再生水利用率达到 25%以上。综合考虑污水厂处理能力、《“十四五”城镇污水处理及资源化利用发展规划》中有关中水回用率的要求，本书论证认为七里河安宁污水处理厂改扩建工程入河排污口外排水应当在充分回用后排放，“十四五”期间应逐步提升中水回用率，现状条件下排放量应控制在 10 950 万 m^3/a（30 万 m^3/d）。

按照七里河安宁污水处理厂改扩建工程排污水质控制上限、水量控制指标进行计算，现状条件下七里河安宁污水处理厂改扩建工程主要污染物 COD、氨氮排放总量应分别稳定控制在 3 909.15 t/a（10 710 kg/d）、361.35 t/a（990.0 kg/d）以内。

5.5　兰州市城镇污水处理厂入河排污口设置综合分析

为保护水体环境，解决黄河兰州段污染问题，确保社会和环境的可持续发展，兰州市从 2009 年开始组织实施城区污水“全收集、全处理”项目。通过实施污水管网和污水处理厂工程建设，提高了兰州城市排水管网的收集和输送能力，基本实现了主次干道雨污分流和城区污水全收集、全处理。这对于提高兰州城市污水处理率、减少水污染物排放、提升城市环境卫生水平和人民群众生活质量、改善黄河兰州段水环境、保护黄河水资源具有积极作用。根据本书论证统计，2021 年四座污水处理厂 COD、氨氮工程减排总量分别达到 124 447.5 t 和 8 763.1 t；2017 年以来，在上游来水量较为稳定的状况下，黄河兰州段水质基本常年保持在Ⅱ~Ⅲ类。

兰州市城区现有西固、七里河安宁、盐场、雁儿湾等四座污水处理厂，外排污水主要为兰州市城镇居民生活污水。现设置有 4 个入河排污口，均处于黄河兰州城区段（西柳沟至包兰桥）。该段黄河水功能区划为黄河兰州工业景观用水区和排污控制区，其中黄河兰州工业景观用水区水质目标为Ⅲ类，现状取水主要为农业灌溉、绿化和生态景观等用途。而在黄河兰州城区段以下，依次为黄河兰州过渡区、皋兰农业用水区，河长有 50.7 km，区间取水主要用于农业灌溉。再往下游为黄河白银饮用工业用水区，分布有黄河水川吊桥地表水供水水源地，为白银市饮用工业水源。

黄河兰州城区段现状水质为Ⅱ~Ⅲ类，水质良好，尚有纳污能力可以接纳排污。4 个入河排污口分散分布于黄河约 24 km 河道范围内，较为充分地利用了该段黄河水体的稀释自净能力。根据 2015 年以来的黄河兰州段水质监测结果，兰州城区四座城镇污水处理厂入河排污口的设置未对黄河兰州工业景观用水区、兰州排污控制区及下游的兰州过渡区水质造成显著影响。

2021 年 11 月 2 日，中共中央 国务院印发的《关于深入打好污染防治攻坚战的意见》指出：到 2025 年，黄河干流上中游（花园口以上）水质达到Ⅱ类，干流及主要支流生态流量得到有效保障。但根据本书论证分析，若各污水处理厂按照设计污染物排放浓度控制标准——《城镇污水处理厂污染物排放标准》（GB 18918—2002）一级 A 标准限值，在枯水低温季节及黄河上游来水水质接近或超出Ⅱ类水质目标限值时，在七里河桥断面及以下河段氨氮可能超出地表水Ⅱ类水质目标。因此，为保障黄河兰州段特别是国控什川桥断面水质稳定达标，需要对兰州市四座污水处理厂的污水排放量、污染物排放浓度及总量进一步严格控制。经过论证，对兰州市四座污水处理厂主要污染物 COD、氨氮排放浓度进行适当调整，而其他污染物排放浓度可执行《城镇污水处理厂污染物排放标准》（GB 18918—2002）一级 A 标准。

兰州市城区现有四座污水处理厂，总设计处理规模达到 77.5 万 m^3/d，污水量巨大。城镇污水处理厂不同于工矿企业污水处理厂，其接纳的主要为居民生活污水，出现事故时，无法通过限产、停产等措施来控制进水量，若事故得不到及时处理，则大部分未经处理达标的污水还是要外排进入黄河，对黄河水质造成冲击。目前，四座污水处理厂均制订有突发环境事件应急预案，并在当地生态环境部门备案。预案基本符合国家和地方生态环境部门对城镇污水处理厂环境应急与风险防控的要求，但在其设定的整个应急处置工作程序中，缺少与黄河流域生态环境监督管理部门的联系。这不利于黄河兰州段突发水污染事故的防范。论证认为，兰州市各城镇污水处理厂在出现运行故障、进行工艺调整、发现进水异常、申请启用超越管等可能导致外排水质超标的情况，及时报告当地政府有关部门时，应同时报告黄河流域生态环境监督管理部门，以便及时采取有效控制措施。

综上所述，考虑兰州市经济社会高质量发展需要及客观实际情况，在各污水处理厂按照或优于本书论证提出的排污水量、污染物浓度及总量等控制指标排污的条件下，在落实论证提出的相关要求、确保水污染应急防范措施到位的前提下，其在黄河上设置的入河排污口基本合理。

第 6 章 水环境保护措施分析

本章以兰州城区 4 座城镇污水处理厂中的七里河安宁污水处理厂为例，全面分析该厂采取的常规水环境保护措施和应急措施。

6.1 常规措施

6.1.1 日常运行管理

七里河安宁污水处理厂主管单位兰州市污水处理监管中心出台了《兰州市城区污水处理厂运行监督管理制度》，对所辖污水处理厂处理设施的正常运行、设备检修、水量水质报表、污泥排放质量标准等进行监督核查，检查方式包括定期检查和不定期抽查，同时明确污水处理厂运行责任追究制度，对于因污水处理厂自身运行管理不善造成的处理设施不能正常稳定运行最终造成出水水质不达标或其他重大质量事故的，由兰州市污水处理监管中心责令其限期整改，并进行相应处罚，直至取消特许经营权。

七里河安宁污水处理厂结合本厂实际情况也出台了相应的设备管理、水质监测、应急处置、责任追究等管理制度，并作为七里河安宁污水处理厂环保技术监督、考核、奖惩的依据。

为加强污水处理厂处理工艺和处理设备的监督管理，保证各项处理设备稳定运行，确保污染物稳定达标排放，七里河安宁污水处理厂制定了专项环保管理制度，对污水处理厂厂长、设备管理岗、生产运行岗等重要岗位设置有岗位职责说明书，明确岗位具体职责责任到人。

七里河安宁污水处理厂同时制定有污水处理厂工艺管理制度、设备管理控制程序、设备安全操作规程、设备维护保养制度等，对污水处理厂处理工艺、设备管理、设备维护保养、安全操作规程、应急处理等作出了明确规定，并将执行情况纳入绩效考核。

因加氯消毒后水中残留的余氯对水生生物有明显的毒害作用，若出水中残留余氯过高，直接外排进入地表水体必然会对水生态环境造成一定的影响。此外，出水余氯过高也会限制其回用于绿地和农田灌溉。因此，七里河安宁污水处理厂应进一步规范尾水投加消毒剂工序的操作规程，参考相关标准和规范，根据污水处理厂出水量、出水水质等情况严格控制消毒剂投加量，在保证外排污水消毒效果的基础上，避免因消毒剂投加过量造成的二次污染。

6.1.2 中水回用

七里河安宁污水处理厂出水水质监测结果显示，其基本满足《城市污水再生利用 工业用水水质》（GB/T 19923—2005）、《城市污水再生利用 景观环境用水水质》

(GB/T 18921—2019)、《城市污水再生利用 绿地灌溉水质》(GB/T 25499—2019)、《城市污水再生利用 城市杂用水水质》(GB/T 18920—2020)、《城市污水再生利用 农田灌溉用水水质》(GB/T 20922—2007)、《工业循环冷却水处理设计规范》(GB/T 50050—2007)和《再生水水质标准》(SL 386—2006)等用水水质要求，可直接或经进一步处理后用于景观环境、绿地灌溉、厕所冲洗、道路清扫、车辆冲洗、农田灌溉及一般工业循环冷却水等用途。

2021年6月，中华人民共和国国家发展和改革委员会、中华人民共和国住房和城乡建设部印发了《"十四五"城镇污水处理及资源化利用发展规划》的通知，规划中将"城镇污水收集及资源化利用"列入指导思想，规划提出：到2025年，全国地级及以上缺水城市再生水利用率达到25%以上，京津冀地区达到35%以上，黄河流域中下游地级及以上缺水城市力争达到30%。2021年12月，中华人民共和国国家发展和改革委员会在《关于印发黄河流域水资源节约集约利用实施方案的通知》发改环资〔2021〕1767号中再次指出，至2025年，黄河流域上游地级及以上缺水城市再生水利用率达到25%以上，中下游力争达到30%。全面推进非常规水源利用。

按照《兰州城市节约用水规划（2013—2025年）》，依据兰州城市布局、用水性质及污水再生水的水质要求，兰州市城区四座污水处理厂提标改造后，达到《城镇污水处理厂污染物排放标准》（GB 18918—2002）一级A标准，出水进行深度处理后，主要用于工业企业的工业用水、南北两山绿化用水、城市洗车用水等。

目前，七里河安宁污水处理厂实际中水回用量很小，约占污水处理厂出水量的0.5%。七里河（安宁）污水处理厂一期工程少量尾水回用于城区公园绿化，改扩建工程设计有部分尾水进入地面景观水系，回用量最大日约为1.2万m^3/d，约占设计处理规模的4%。

2022年以来，兰州市政府高度重视全市中水回用工作，召开了多次市长办公会，专题研究兰州市中水回用工作，围绕甘肃省下达的2025年底前实现中水回用量新增12万m^3/d的目标，认真梳理中水回用现状，以城镇生活污水资源化利用为突破口、以工业利用和生态补水为主要途径，加强统筹协调，积极谋划凝练一批中水回用项目，力争2023年底前新增中水回用量6万m^3/d，2024年底前新增中水回用量10万m^3/d，2025年底前新增12万m^3/d，2030年底前新增中水回用量30万m^3/d。

建议七里河安宁污水处理厂主管部门和兰州市地方政府相关部门协调，严格落实兰州市政府中水回用专题会议要求，积极推进重点项目实施，尽快推进污水处理及再生利用设施、中水回用管网建设，拓宽中水利用综合途径，这也是减轻黄河兰州段水体污染、改善生态环境、缓解水资源供需矛盾和促进兰州经济社会可持续发展的有效途径。一方面能够适应水资源需求的不断增长，节省各种水资源的取用量；另一方面能减少排入黄河的污染物总量，降低污染治理成本。

6.1.3　服务范围内工矿企业排污监管

七里河安宁污水处理厂目前接纳的工业污水主要涉及酿酒、食品、设备制造、医疗、屠宰、建材、制药等行业。建议兰州市污水处理监管中心会同兰州市、区城建、生态环境等部门，对七里河安宁污水处理厂服务范围内的非一般生活污水污染源进行核查并建立台账。制定工业污水接纳处理监督办法，杜绝超标工业污水擅自接入城市污水处理系统。建立健全工业污水排入市政管网监控系统，对工业污水超标入网做到及早发现、及时控制。

6.1.4 入河排污口规范化建设

七里河安宁污水处理厂现有入河排污口在规范化建设方面尚不能完全满足有关管理要求，应按照生态环境部《入河排污口监督管理技术指南 规范化建设》有关要求，开展入河排污口规范化建设。硬件建设的原则和要求如下：

（1）应遵循便于采集样品、计量监控、设施安装及维护、日常现场监督检查、公众参与监督管理的原则。

（2）入河排污口宜设置在设计洪水淹没线之上，不应影响河道、堤防、涵闸等水利设施行洪，不应破坏周围环境或造成二次污染。

（3）应将监测点设置在厂区（园区）以外，污水入河前，如遇特殊情况需设管道的，应留出观测窗口。

（4）应按要求在入河处或监测点处明显位置设置标识牌，公示入河排污口的基本信息和监督管理单位信息等。

（5）应按要求在监测点处安装流量计量装置、记录仪及监控装置，并将相关监控信息接入各流域或行政区域入河排污口信息平台。

（6）应对监测点、标识牌、计量和监控设备开展日常维护，确保正常运行。

档案建设的内容及要求：

（1）建立单个入河排污口台账，由入河排污口责任主体维护并动态更新。

（2）建立流域或区域所有入河排污口设置和使用档案，由入河排污口管理单位审核、上报、公示、统计，并根据管辖范围内排查整治和设置审核工作定期更新。

此外，为便于区分责任，同时保护当地地下水，本书论证认为，七里河安宁污水处理厂应将其污水单独通过管道直接排入黄河。污水入黄口位置不做调整，地理坐标仍为N36°05′07.47″，E103°44′31.00″。

6.2 应急措施

七里河安宁污水处理厂颁布实施有《兰州市七里河安宁污水处理厂安全生产应急预案》，并在兰州市生态环境局安宁分局备案。预案明确了应急救援领导小组的设置和职责，发生环境污染事故时，在应急救援领导小组的指挥下开展应急响应、信息上报与发布、应急救援、后期处置、应急物资与装备保障等工作。同时对本预案的修订年限、预案的教育培训和演习演练频次也做出了明确规定。

七里河安宁污水处理厂针对生产运行中的停电、雨雪冰冻灾害、设备故障、低温寒潮、工艺管线堵塞、渗漏和爆管、次氯酸钠使用及保存、化验室安全、危险废物意外事故，以及涉及的进水水质超标、水量超设计负荷（裕度系数1.25）、突发暴雨、污泥膨胀、污泥解体、二次沉淀池异常、生化池泡沫、在线监测设备异常、尾水超标、西固污水处理厂超标污水接入等非正常工况分别制订了相应的专项预案。

应急预案规定，在停电、发生进水水质严重超标时［《污水排入城镇下水道水质标准》（GB/T 31962—2015）］，立即向市建设局、市生态环境局、市污水处理监管中心等相关部门书面汇报，等待指令，减少进水量，1 h 后若水质仍无好转，打开超越闸门，停止进水；当进水水质超过《污水排入城镇下水道水质标准》（GB/T 31962—2015）20%以上时，向市住建局、市生态环境局、市污水处理监管中心等相关部门汇报，申请协调泵站立即停止进水，如泵站不能立即停止进水，则立即打开超越闸门，停止进水。事故状况下，为尽可能降低超标污水对黄河的影响，应根据需要首先控制污水处理厂服务范围内工矿企业的污水排放。

七里河安宁污水处理厂应加大对职工的宣传教育，通过应急培训、演练和落实责任制，强化生产安全与水污染防范意识和责任意识，不断提高防范和应对突发水污染事件的能力，并根据实际生产情况和新的管理要求不断完善应急预案。

第 7 章 排污口水质水量监测监控方案

本章以兰州城区四座城镇污水处理厂中的七里河安宁污水处理厂为例，提出该厂排污口自行监测和在线监测方案及污水处理运行监控信息化平台建设建议。

7.1 自行监测

七里河安宁污水处理厂应按照有关主管部门的要求开展入河排污口水量、水质监测。将入河排污口基本情况和排放的废污水量、水质定期报表等资料整理归档，建立排污资料档案，定期、不定期接受有关主管部门的监督检查，按时上报入河排污口有关资料和报表，定期向社会公开污水厂运营维护及污染物排放等信息。

本书初步编制了七里河安宁污水处理厂入河排污自行监测方案，供参考。

7.1.1 监测点位

（1）七里河安宁污水处理厂排污口。

该排污口包括七里河安宁污水处理厂外排口、污水入黄口。

（2）黄河干流。

七里河安宁污水处理厂污水入黄口附近水域：入黄口上游 500 m（左、中、右）（对照断面）、入黄口下游 1 000 m（左、中、右）（预警断面、控制断面）、七里河桥（左、中、右）（省控断面）。

7.1.2 监测因子

（1）七里河安宁污水处理厂排污口。

流量、水温、pH、SS、COD、BOD_5、氨氮、总磷、总氮、挥发酚、石油类、动植物油、硫化物、阴离子表面活性剂、粪大肠菌群，共 15 项。

（2）黄河干流。

流量、水温、pH、溶解氧（DO）、高锰酸盐指数、COD、BOD_5、氨氮、总磷、总氮、挥发酚、石油类、动植物油、硫化物、阴离子表面活性剂，共 15 项。

7.1.3 监测频次

每月监测一次。在河段发生突发水污染事故或旱情紧急情况时，应按照主管部门的要求加大监测频次。

7.1.4 监测方法

按照国家或生态环境等行业标准方法进行测定。

7.2　在线监测

七里河安宁污水处理厂进、出水口监测点位均安装有废污水在线监测设备，并委托第三方运营和维护。

日常运行管理要求：因设备故障、维修、维护等致使自动监测设备停止运行或不能正常运行、自动监测数据明显失真的，排污单位应当在 12 h 内向生态环境主管部门报告，并书面报告原因和设备情况，保证在 5 个工作日内恢复正常运行。停运期间，排污单位应组织开展手工监测，废水排放口监测周期间隔不大于 6 h，数据报送每天不少于 4 次。排污单位自行开展手工监测的，其实验室建设运行应当符合国家相关标准；若采取委托监测的形式，应当委托具备检验检测机构资质认定证书的环境监测机构开展。

自动监测设备安装联网后，应按照生态环境部、甘肃省生态环境厅有关企业事业单位环境信息公开要求，通过“甘肃企业事业单位环境信息公开平台”、市级生态环境部门公布平台、企业网站、企业厂区电子公示牌等途径公开自动监测数据信息。公开信息至少应包括排放口名称、监测日期、污染物种类、自动监测数据小时均值（或日均值）、污染物排放限值等。

7.3　污水处理运行监控信息化平台建设

建议兰州市污水处理监管中心统筹考虑全市污水处理厂，建立污水处理运行监控信息化平台，对接入平台的污水处理企业实施实时监控，对运行不规范和不达标的情况及时预警、及时处理，确保市域内污水处理厂安全规范运行，水质达标排放，为环境监管、评价、执法与决策提供有力支持。

第 8 章　结论与建议

本章以兰州城区四座城镇污水处理厂中的七里河安宁污水处理厂为例，讨论入河排污口设置论证报告应明确的结论和后续应当落实的任务，并对污水处理厂监管部门提出建议。

8.1　主要结论

（1）兰州市七里河安宁污水处理厂改扩建工程建设符合国家及地方相关产业政策，符合生态环境保护规划及“三线一单”等要求，具有较好的社会效益和环境效益。

兰州市七里河安宁污水处理厂改扩建工程建设符合兰州市城市总体规划、生态环境保护规划和“三线一单”等要求，对提高城市污水处理率、减少水污染物排放、提升城市环境卫生水平和人民群众生活质量、改善黄河兰州段水环境、保护黄河水资源具有积极作用。其排污许可证由当地生态环境部门颁发。

兰州市七里河安宁污水处理厂改扩建工程入河排污口设置属入河排污口改扩建。本次论证用于申办入河排污口设置申请手续。

（2）兰州市七里河安宁污水处理厂改扩建工程设置入河排污口是必要的。

按照设计，七里河安宁污水处理厂改扩建工程出水水质执行《城镇污水处理厂污染物排放标准》（GB 18918—2002）一级 A 标准。在兰州市现有水资源综合利用水平条件下，七里河安宁污水处理厂改扩建工程出水尚不能做到全部回用，因而只能外排入河。

目前，七里河安宁污水处理厂改扩建工程外排污水通过管道排入自北向南流经厂区边界的深沟（排洪沟），在深沟内流经约 200 m 后，最终通过深沟连续排入黄河（左岸）。深沟入黄口位于兰州市安宁区，地理坐标为 N 36°05′07.47″，E 103°44′31.00″。所在水功能区为黄河兰州工业景观用水区。排污口性质为生活污水为主的混合型排污口。

2019—2021 年，七里河安宁污水处理厂通过深沟排入黄河的污水量为 5 738 万～6 957 万 m^3/a，主要污染物 COD、氨氮总量分别为 1 460～1 709 t/a、66～124 t/a。按照设计，则七里河安宁污水处理厂改扩建工程通过深沟排入黄河的污水量及主要污染物 COD、氨氮总量可分别达到 10 950 万 m^3/a、5 475 t/a、547.5 t/a。

（3）兰州市七里河安宁污水处理厂改扩建工程入河排污口设置对论证河段水功能区水质不会造成显著影响。

七里河安宁污水处理厂入河排污口所处黄河兰州工业景观用水区现状水质为Ⅱ类，水质良好，尚有纳污能力可以接纳排污。根据七里河安宁污水处理厂入河排污口设置以来的黄河水质监测结果，其正常排污未对黄河兰州工业景观用水区水质造成显著影响。

根据模型分析，在上游正常来水条件下，正常工况下排污不会造成下游各控制断面超出地表水Ⅱ类水质目标。因此，七里河安宁污水处理厂入河排污口的设置在正常情况下一般不会对黄河兰州工业景观用水区水质造成显著影响，基本符合国（省）控断面要求和水功能区水质保护目标要求。

（4）兰州市七里河安宁污水处理厂改扩建工程入河排污口设置对论证河段水生态、地下水及第三方取用水不会造成明显影响。

黄河兰州城区段为工业景观用水区，水生生物贫乏，生物量较低。根据水生生物调查结果，未发现七里河安宁污水处理厂入河排污对区域的水生生物造成显著影响。

七里河安宁污水处理厂改扩建工程入河排污口设置对水功能区水质的影响分析表明，其正常工况下排污对地表水水质产生的影响较小，因此一般不会对河道地下水水质产生明显影响。

七里河安宁污水处理厂改扩建工程入河排污口设置不会对下游的兰州城区沿黄湿地产生明显影响。正常情况下，也不会对下游取水口及白银市黄河水川吊桥地表水供水水源地的水质产生显著影响。

（5）为确保黄河兰州段水质持续稳定达标，需要对七里河安宁污水处理厂改扩建工程污染物排放浓度及总量进一步严格控制。

七里河安宁污水处理厂改扩建工程主要污染物 COD、氨氮日均排放浓度分别按照 35. 7 mg/L、3. 34 mg/L（4. 23 mg/L，水温低于 12 ℃）进行控制。其他污染物日均排放浓度执行《城镇污水处理厂污染物排放标准》（GB 18918—2002）一级 A 标准。现状条件下污水排放量及主要污染物 COD、氨氮排放总量应分别稳定控制在 10 950 万 m^3/a（30 万 m^3/d）、3 909. 15 t/a（10 710 kg/d）、361. 35 t/a（990. 0 kg/d）以内。

（6）兰州市七里河安宁污水处理厂入河排污口设置的关键在于突发水污染事故的防范。

七里河安宁污水处理厂制定有突发环境事件应急预案，并在当地生态环境部门备案。预案基本符合国家和地方生态环境部门对城镇污水处理厂环境应急与风险防控的要求。

8.2　要　求

（1）七里河安宁污水处理厂应按要求提升外排污水污染物浓度控制标准，同时采取有效措施推进减污降碳协同增效。进一步加强日常水质监测和运行管理，在进水量或进水水质波动较大的时段应注意保持或加强进水管控与均质调节；在进水水质超出设计指标的情况下应及时调整运行参数和物料投加，必要时增加预处理设施，确保污水处理效果；严格控制消毒工序，消毒剂投加量，避免二次污染；在一期工程与改扩建工程进水切换过程中确保出水水质稳定达到排放标准；同时持续推进污水处理厂节能降耗，充分利用内部碳源，对加药系统、曝气系统及污泥回流系统进行精细化控制，减少处理过程中产生的药耗和能耗。

（2）开展入河排污口规范化建设，其设置应符合生态环境部《入河排污口监督管理技术指南规范化建设》有关要求。建立排污资料档案，接受有关主管部门的监督检查，按时报送入河排污口有关资料和报表。

(3) 强化生产安全与水污染防范意识，不断完善突发环境事件应急预案和提升应急处置能力，尤其要做好汛期溢流污染防控，最大限度地降低环境风险。在出现运行故障、进行工艺调整、发现进水异常、申请启用超越管等可能导致外排水质超标情况时，应及时报告当地政府有关部门。

(4) 在黄河发生严重旱情或者水质严重恶化等紧急情况时，七里河安宁污水处理厂应按照有关主管部门要求的内容、时间和方式提供资料。排污量严格执行有关主管部门控制方案。

8.3 建 议

(1) 建议兰州市污水处理监管中心进一步加强对七里河安宁污水处理厂日常运行的监管；会同兰州市、区住建、生态环境等部门，对七里河安宁污水处理厂服务范围内的非一般生活污水污染源进行核查并建立台账；含有毒有害污染物的工业废污水经处理达标后方可排入城镇生活污水处理厂进一步处理；制定工业污水接纳处理监督办法，杜绝超标工业污水擅自接入城市污水处理系统；建立健全工业污水排入市政管网监控系统，对工业污水超标入网做到及早发现、及时控制。

(2) 建议兰州市污水处理监管中心统筹考虑全市污水处理厂，建立污水处理运行监控信息化平台，对接入系统平台的污水处理企业实施实时监控，对运行不规范和不达标的情况及时预警、及时处理，确保市域内污水处理厂安全规范运行，水质达标排放，为环境监管、评价、执法与决策提供有力支持。

(3) 建议在接到七里河安宁污水处理厂关于出现运行故障、进行工艺调整、发现进水异常、申请启用超越管等的报告后，兰州市政府有关部门与黄河流域生态环境监督管理部门进行会商，结合污水处理厂事故状况及当时黄河水质、水量情况制订相应对策措施。事故状况下，为尽可能降低超标污水对黄河的影响，应根据需要首先控制污水处理厂服务范围内工矿企业的污水排放，将事故污水排放可能造成的影响降至最低。

参考文献

[1] 陈少华．入河排污口设置论证技术研究［D］．扬州：扬州大学，2007.

[2] 蔡惠军，侯珺．入河排污口设置论证中有支流汇入时污染物扩散情况分析［J］．陕西水利，2021（9）：126-128.

[3] 冯梅．邯钢入河排污口规范化建设、管理实践［J］．冶金经济与管理，2023（5）：24-26.

[4] 郭嘉丽．沈阳化工有限公司入河排污口设置论证分析［D］．沈阳：沈阳农业大学，2018.

[5] 关兴中，刘昭，姚成慧，等．鄱阳湖典型流域水质综合评价及时空变化分析［J］．人民长江，2023，54（S1）：29-34.

[6] 高超，张吉臣，贾晓君，等．美丽中国建设背景下的入河（海）排污口监管机制探究［J］．中国环保产业，2023，（9）：35-37，40.

[7] 顾竹琴，严冬．上海市入河排污口水质分析与评价［J］．净水技术，2020，39（S1）：264-266.

[8] 胡伟．污水处理厂入河排污口论证分析［J］．水科学与工程技术，2019（2）：63-65.

[9] 侯盼，王洁，邓人超，等．基于 MIKE21 的入河排污口设置论证实例分析［J］．城市道桥与防洪，2022（11）：133-137，167.

[10] 韩玉璞，王亮，王世岩，等．基于 MIKE21 的城市入河排污口水质影响预测研究——以南方某城市污水处理厂为例［J］．四川环境，2023，42（3）：106-114.

[11] 韩少强，马楠，张昊，等．入河排污口管理思考与研究［C］//中国环境科学学会（Chinese Society for Environmental Sciences）．中国环境科学学会 2021 年科学技术年会论文集（二）．北京：《中国学术期刊（光盘版）》电子杂志社，2021：38-41.

[12] 黄艺丰．空天地人信息技术在入河排污口监管中的应用［J］．资源节约与环保，2023（10）：51-55.

[13] 解汉书，秦丽．农村地区污水处理厂入河排污口设置论证实例［J］．水利发展研究，2019，19（5）：41-47.

[14] 姜欢欢，刘金淼，张蕊，等．美国入河排污口管理经验及对中国的建议：以马萨诸塞州和得克萨斯州为例［J］．世界环境，2021（6）：78-81.

[15] 欧阳健．入河排污口水环境污染状况及综合治理方法研究［J］．环境科学与管理，2024，49（2）：49-54.

[16] 曲洋，周胜利．某入河排污口对嫩江干流水质影响分析［J］．东北水利水电，2020，38（12）：27-28，32.

[17] 邱利，付丽洋．建设项目入河排污口设置论证分析［J］．陕西水利，2022（10）：75-77.

[18] 乔飞，方源，邓义祥，等．加强入河排污口精细化管理的思考和建议［J］．环境保护，2021，49（24）：9-11

[19] 孙宁，谢培，刘悦，等．欧美国家入河排污口管理对我国的启示［J］．环境保护，2021，49（24）：25-28.

[20] 孙照东，焦瑞峰．区域规划性质入河排污口设置论证关注的重点内容：以包头市尾闾工程入河排污口设置论证为例［C］//中国水利学会，黄河水利委员会．中国水利学会 2020 学术年会论文集第三分册．北京：中国水利水电出版社，2020：403-412.

[21] 覃露，叶维丽，韩旭，等．基于北京清河流域水质提升的入河排污口排放要求确定策略研究［J］．环境污染与防治，2020，42（9）：1102-1107.

[22] 谭超，胡培，肖洵，等. 基于感潮河段纳污计算的入河排污口整治研究 [J]. 水利规划与设计，2023 (12)：30-36.

[23] 谭伯秋，曹晨华. 基于入河排污口设置对水功能区水质和水生态环境影响分析 [J]. 黑龙江水利科技，2020，48 (1)：60-62，86.

[24] 田鹏伟，余莹莹. 新形势下西北地区某生活污水处理厂入河排污口设置论证报告编制要点 [J]. 皮革制作与环保科技，2023，4 (15)：194-196.

[25] 林方. 入河排污口设置论证及水资源保护措施 [J]. 河南水利与南水北调，2018，47 (12)：30-31.

[26] 李旭春，孔庆辉. 入河排污口设置论证中存在的问题 [J]. 东北水利水电，2008 (3)：57-59.

[27] 林萍. 洵江流域尚干段入河排污口调查及污染溯源分析 [J]. 海峡科学，2023 (12)：75-78.

[28] 刘声香. 在水环境质量不达标区域设置入河排污口的相关问题探讨：以某污水处理厂为例 [J]. 皮革制作与环保科技，2022，3 (20)：111-113.

[29] 李学明，陈思瑶，纪丁愈，等. 入河排污口规范化建设的环境问题及保护措施 [J]. 四川水利，2024，45 (1)：136-139，151.

[30] 李伟斯，王塬博，李鹏飞，等. 关于入河排污口审批管理问题的思考 [J]. 水利发展研究，2021，21 (4)：41-44.

[31] 蓝平，易玉敏，钱怡婷，等. 浅谈机构改革后入河排污口设置管理工作 [J]. 环境科学导刊，2020，39 (6)：51-54.

[32] 柳大团. 入河排污口布局优化与纳污总量控制研究 [J]. 陕西水利，2020 (6)：116-117，120.

[33] 李金臣，王训诗. 入河排污口污染物对河流水质的附加影响评价 [J]. 海河水利，2020 (2)：39-41，48.

[34] 王亚芹，仇茂龙，陆一奇. 一维水动力水质模型在入河排污口设置中的应用 [J]. 浙江水利水电学院学报，2022，34 (1)：21-26，43.

[35] 王亚芹，仇茂龙，陆一奇. 入河排污口设置论证在杭嘉湖平原河网地区的实例应用 [J]. 化工设计通讯，2022，48 (3)：194-196.

[36] 吴春霞，彭博. 入河排污口设置论证与有关问题探讨 [J]. 水资源保护，2015，31 (2)：84-88.

[37] 王孟，叶闽，杨芳. 对长江流域入河排污口设置论证的思考 [J]. 人民长江，2011，42 (2)：21-23，31.

[38] 邬振江，李超，柴晓娟. 城镇再生水厂入河排污口设置论证实例 [J]. 化工管理，2021，(8)：44-45.

[39] 汪浩，陈尧，郑文丽，等. 入河（海）排污口排查及其在水环境治理中的应用 [J]. 中国环境管理，2022，14 (2)：56-61.

[40] 徐春妮，张永君，李超. 北方小微河流入河排污口设置论证要点探讨 [J]. 科技资讯，2021，19 (32)：85-87.

[41] 徐康，王美荣，李丽华，等. 蚌埠市杨台子污水处理厂入河排污口设置论证实例 [J]. 治淮，2018 (12)：50-51.

[42] 谢勇，路丽丽，李杰. 东营市河口区入河排污口论证分析 [J]. 山东水利，2020 (2)：14-16.

[43] 向玉林，郝仁琪. 入河排污口设置论证常用数学模型探讨 [J]. 四川水利，2019，40 (3)：89-95，102.

[44] 谢明号，渠园园，肖保增，等. 产业集聚区污水处理厂尾水对黄河干流水环境的影响 [J]. 绿色科技，2023，25 (20)：112-116.

[45] 徐秀丽，吴璐璐，沈优，等．入河排污口设置对水功能区环境影响数值预测［J］．江苏水利，2022（2）：29-33.
[46] 许永超．城市建成区入河排污口整治典型案例研究［J］．绿色科技，2024，26（2）：119-124.
[47] 叶蕾，耿敬华，方文，等．基于深度学习的排污口污染物浓度预测研究［J］．环境科学学报，2024，44（4）：429-439.
[48] 郑瀚，赵丽娜，胡勇，等．城市污水处理厂入河排污口设置论证实例分析［J］．绿色科技，2018（20）：80-83.
[49] 赵洪满，颜秉超，刘克文，等．饮马河入河排污口对受纳水体水质的影响研究［J］．吉林地质，2023，42（4）：62-66.
[50] 张臻．入河排污口水质监测及其SWOT分析和建议：以广东省某河流为例［J］．环境保护与循环经济，2023，43（11）：62-65.
[51] 曾艳芬．云南德钢中水处理站污废水排污口设置对水质和水生态影响分析［J］．低碳世界，2022，12（2）：40-42.
[52] 朱兴杰．辽河入河排污口优化与整治研究［C］//辽宁省水利学会．辽宁省水利学会2022学术年会论文集．沈阳：辽宁科学技术出版社，2022：21-27.
[53] 竹怀林，籍瑶，赵艳芳，等．强化入河（海）排污口监督管理的法治思考［J］．环境保护，2021，49（24）：22-24.
[54] 曾维华，胡官正，陈异辉．基于“水陆统筹”的入河排污口监管体制研究［J］．环境保护，2021，49（15）：37-41.
[55] 中华人民共和国国家质量监督检验检疫总局，中国国家标准化管理委员会．水域纳污能力计算规程：GB/T 25173—2010［S］．北京：中国标准出版社，2010.
[56] 蔡木林，卢延娜，刘琰，等．城镇污水处理厂出水排放限值分级及提标成本研究［J］．环境科学研究，2021，34（7）：1562-1568.
[57] 买亚宗，肖婉婷，石磊，等．我国城镇污水处理厂运行效率评价［J］．环境科学研究，2015，28（11）：1789-1796.
[58] 徐傲，巫寅虎，陈卓，等．黄河流域城镇污水处理厂建设与运行现状分析［J］．给水排水，2022，48（12）：27-36.
[59] 蒋富海，王琴，张显忠，等．城镇污水处理厂碳排放核算及减碳案例分析［J］．给水排水，2023，49（2）：42-49.
[60] 白璐，孙园园，赵学涛，等．黄河流域水污染排放特征及污染集聚格局分析［J］．环境科学研究，2020，33（12）：2683-2694.